U0169215

人类起源简史

破译700万年人类进化的密码

[南非] 莎拉·怀尔德 / 著
(Sarah Wild)

成琳岚 / 译

❤ 中国友谊出版公司

献给成千上万为古科学研究做出贡献的研究人员和技术人员。

发现是一个运气问题，但正是这些幕后功臣将发现转化为知识。

前　言

2011年，南非约翰内斯堡，金山大学的伯纳德-普莱斯古生物研究所休息室里，我正在那里消磨时间，等待一个采访。多年来，我曾在许多大学的休息室里闲逛，但这次有些不同：这个房间里有张巨大的桌子，上面摆了数千块拼图。

直到我下楼走进实验室，看见技术人员正煞费苦心地从坚硬的岩石中剥离化石时，我才明白了这个拼图的含义。一位研究人员两手各拿着一块骨头，试图将它们拼接在一起，可惜失败了。每一个骨骼碎片都是一块拼图，将它们拼在一起便可讲述这个星球上生命的故事。通过描述这些生物的长相，古生物学家可以了解有关它们的其他信息——它们是如何移动的，它们最有可能吃什么，以及哪些植物和动物与它们在同一时空。简而言之，他们试图用骨头来描绘世界的历史。

人类起源简史：破译700万年人类进化的密码

　　但是，在这块人类进化的拼图里，我们缺失了许多部分。事实上，其中的大部分都还是未知，但通过严谨细致的工作——从岩石中挖掘标本，描述它们，测定它们的年代，询问有关古环境的问题并提出挑战性的假设——我们发现的东西越来越多。

　　这本书将按照时间顺序来讲述，从9000万到8000万年前的灵长类动物与其他哺乳动物的分离开始说起，这样您就可以完整了解人类从起源早期到今天的进化故事。

　　本书欲将复杂的人类故事分解为小块，重点探讨其中的大趋势及主要分歧。要知道在这个领域，分歧一向很多。这些年来，我一直在报道科学和技术，但从未遇到过共识如此之少的学术领域。

　　另外，我还想强调一下，我们对人类起源的理解已经发生了巨大的变化，且这种变化还将持续下去。除此之外，古人类学在某些方面也展示了怎样才算是精彩的科学研究：新的证据取代旧的理论；面对强烈的批评，观点必须得到强有力的辩护；有条理的、谨慎的科学战胜了过时的偏见。

　　19世纪盲目的教条主义让我们花费几十年的时间才改变了那些过时的、不科学的观念，但在此期间我们也取得了长足进步。对于一个主要证据在数千年甚至数百万年前就已埋藏在岩石中的学科领域来说，今天古人类学的变化快得惊人。在撰写本书的过程中，也不断有新的信息出现，例如在肯尼亚尼亚扬加（Nyayanga）发现的工具，人类泛非洲起源学说的证据，以及在南非的明日之星洞穴（the Rising Star Cave），纳勒迪人（*Homo naledi*，在索托-茨瓦纳当地语言中意为"星星"）可能有意识地埋葬死者并在墙壁上凿刻符号的迹象等。所有这些都表明，人类故事的某些章节将重新洗牌。过去的30年里，我们陆续发现了几个新的古人类物种。伴随着每一次重大发现，有关人类起源的故事都变得更加复杂与微妙。

丹尼索瓦人脱氧核糖核酸（DeoxyriboNucleic Acid，缩写为DNA）的发现和测序，以及随后的人类杂交的证据，让大多数古科学家（palaeoscientists）感到讶异。如今，面对这些证据，尽管令人震惊，学界共识已发生了变化，我们所知的人类故事也发生了变化。同样，我们人类似乎越来越有可能起源于非洲的多个地方，而非只有某个单一发源地。本书中提及的"人类"指的是智人（*Homo sapiens*）。

研究我们起源问题的科学家比以往任何时候都多，他们的背景和国籍极具多样性，丰富了该学科的学术成果。

此外，席卷人类社会的技术进步，如大数据以及广泛的基因组测序正在影响古科学（palaeosciences）领域。来自其他学科的新颖的工具和方法，使我们能够以更高的精度去研究新发现的化石和文物，并重新检视以前的发现。

从许多方面来看，有关古人类的科学与研究伴随着我们一起在发展。探寻自己的来处，这本身就是典型的人类活动之一。我希望这本书能帮助你像我一样认识到，人类到底是多么非凡的生物。不管是为了自身的进化与发展，还是为了探索成为自己的旅程，作为一个物种，我们的聪明才智与创新都是令人赞叹的。

目 录

第一篇章

漫长的进化之路

第1章　灵长类

所有生物体都含有DNA，这是子代从亲代那里遗传得来的一种分子蓝图。在传递过程中，遗传信息有时会产生些微变化，但通常来说这些突变并没有意义，不过是复杂且漫长的生命密码中的小插曲。可随着时间流逝，这些变化可以在连续的世代中不断累积，从而使植物和动物走上与其祖先不同的进化道路。

时光流转，一代又一代的幼崽长大成年，又有了自己的后代。就这样，一个物种被永久地改变了，发展成为一个不同的亚种，甚至在多代之后完全成为一个全新的物种。多年前掉进斯洛文尼亚洞穴的蝾螈失去了自己原有的肤色与视力，并进化出更长的口鼻部。现如今，我们把这些种群称为欧洲洞螈（European olm）。同时，加拉帕戈斯群岛上的雀也根据它们能获得的食物种类，进化出了不同形状的喙。这些看似无关痛痒的微小变化帮助动物们适应了生存环境的改变。也正是这些逐步发展的变化，在数千年里将一个物种变成了另一个。

人类起源简史：破译700万年人类进化的密码

对于人类的进化研究，人们常常将目光聚焦在距今900万至500万年，那是我们人类进化的岔路口。从那时起，人类与黑猩猩分道扬镳，走上了各自的进化之路。但实际上，变化的缓慢积累早已开始，许多关键的遗传事件早在人类祖先直立行走之前就已发生了。

例如有些让人类之所以成为"人"的重要特征：有利于抓握的短小拇指，紧连着骨盆的髋臼使得我们可以将一只脚置于另一只脚之前，还有那个让我们可以进行内省，体味音乐与艺术的巨大大脑，所有这些特征已经进化了数百万年之久。

据分子钟测定，科学家们估计灵长类动物谱系早在9000万至8000万年前便已从其他哺乳动物中分离开来。目前已知最古老的类灵长类动物可能是普尔加托里猴（Purgatorius）。这种牙齿锋利的哺乳动物早在6300多万年前就已活跃在美国蒙大拿州的普尔加托里山区。它的体形与老鼠差不多大，是种树栖哺乳类动物，在恐龙灭绝后不久便出现了，被认为是"始祖灵长类"（proto-primate）。它的出现为日后更猴（Plesiadapiformes）的演化奠定了基础。更猴是公认的一类早期灵长类动物，它们有着适合爬树的长长的手指，以及有利于咀嚼的后槽牙。

另一个被提名为最古老灵长类动物的是阿特拉斯猴（*Altiatlasius koulchii*）。这是一种已灭绝的生物，5700万年前曾生活于现非洲西北部的摩洛哥。可惜的是，由于只有10颗上下臼齿以及一块颚骨碎片的化石证据，人们对于阿特拉斯猴也很难认识更多了。

查尔斯·达尔文："生命之树"还是"灌木丛"

1858年，英国科学家查尔斯·达尔文和阿尔弗雷德·拉塞尔·华莱士宣布了一个改变范式的理论：对环境适应得更好的生物更有可能存活下来，并拥有自己的后代。这被称为自然选择，是进化的主要手段。有利于生存的特征在世世代代的繁衍过程中被选择性地保留了下来。次年，达尔文出版了极具争议的著作《物种起源》。他提出，所有的物种都来自一个共同的祖先，并将所有生命形容为一棵具有多个进化分支的树。

虽然进化的观点现已被科学家们所接受，但现代遗传学对其"生命之树"的类比存疑。比起枝杈分离、整齐有序的树，他们认为进化更像是一片密不透风的灌木丛，生物之间的杂交频率比之前想象的要高。

时至今日，现存灵长类动物已有500多种，且每十年就有新物种现世。灵长类一词来自拉丁语，意为"首要的"或"顶级的"。1758年，瑞典分类学家卡尔·林奈（Carl Linnaeus）首次对自然界进行了分类。他以人类、猿和猴子在身体上的相似性为根据，将它们归为哺乳动物的"最高阶"，因此得名"灵长类"动物。等到近一个世纪后，随着查尔斯·达尔文《物种起源》的发表，灵长类动物的种类已被大大扩大。现在这是一个庞大且多样的动物群体，从只有两汤匙糖[1]那么重的鼠狐猴（mouse lemur），到体重可达200千克以上的大猩猩，皆包含其中。

判定灵长类并非依靠某个单一特征，而是根据一系列特殊属性来划分。与大多数其他哺乳动物相比，灵长类动物往往有

---

[1] 质量约为 25 克。——译者注

着更大的大脑，而且这个狡猾的动物群体更依赖视觉，而非嗅觉。它们有着朝前看的眼睛，可以感知到深度。（马和牛等动物的眼睛长在脸的两侧，因此无法感知深度，但获得了广阔的全景视野。）

虽然灵长类动物可以说在任何环境中都能生存，但它们最适应的还是树栖生活。灵活的肩膀以及可牢牢抓握的手脚，使得它们能够在不同的枝桠间自由摆荡。

灵长类动物也是胎盘哺乳动物（placental mammals），它们生下活的幼崽，并且所有雄性灵长类都有悬垂在体外的阴茎和睾丸。一些灵长类动物有着直立的躯干，可以挺直背部或坐或站。一些灵长类动物还有尾巴，当然，猿类除外。

类人猿登场

涵括了猴子、猿以及人类的类人猿亚目（Anrhropoids）是灵长类动物的一个特殊子集。这个群体有时也被称为类人猿或高等灵长类。

还是同样的问题：类人猿又是何时何地与其他灵长类分

化开来的呢？哪种生物最能体现这种分化呢？埃及尼罗河以西的法尤姆地区是考古发掘及古灵长类研究的宝库。有学者认为，类人猿与其灵长类亲戚的分裂发生在它们同属于埃及猿（*Aegyptopithecus zeuxis*）的时期。埃及猿生活在距今3800万至2950万年前的法尤姆地区，它的身上同时有着猴和类人猿的特征，仿佛是一张马赛克拼图。

另外一些古科学家认为，发现于中国和缅甸的曙猿（*Eosimias*）——意为"黎明猴"——更像是通往高等猿类的过渡。这种牙齿锋利的树栖动物体型不大，可置于一名成年人的手掌之上，生活在4500万至4000万年前。

以上这些生物皆生活在非洲及欧亚大陆，属于狭鼻猴类（Catarrhines），是人类、猿和猴子的共同祖先。它们通常被称为旧世界猴，但许多科学家在论及人类谱系起源生物时拒绝使用这种描述，理由是这会令人不解，因为直到今天仍有旧世界猴存在，如狒狒和长尾黑颚猴等，如今它们被称为猴科（Cercopithecidae）。

与此同时，考古记录则笼罩在神秘之中，里面满是遗漏与稀少的线索。不过，即便在这个无法完全以逻辑来推理的领域，新世界猴，即阔鼻喉（Platyrrhines）的出现也是相当令人惊讶的发现。6500万年前，南美洲并没有猴子。那里有树懒和犰狳，但没有猴子。突然间（考古学意义上），它们就在那里出现了。

已知最早的新世界猴是在玻利维亚发现的体重1千克的布拉尼赛拉猴（*Branisella boliviana*），以及在秘鲁发现的体型是其两倍大的卡纳尼科猴（Canaanimico），两者的大致生活年代分别约为2600万年和2650万年前。如今，新世界猴仍然存在，包括吼猴和蜘蛛猴等物种。

那么，它们的祖先是怎样到达南美洲的呢？目前对此问题最好的假设是：逾3000万年前，旧大陆的猴子登上由草和泥土构成的天然漂浮垫，穿越了大西洋。[1]那时，南美洲和非洲的距离更近，约有1600千米（1000英里），而今天，这个距离是2850千米（1770英里）。但1600千米的距离依然令人畏惧，很有可能首次跨越大西洋是由古代类人猿完成的，从而帮助猴子扩散到了世界各地。

图1　旧世界猴与新世界猴

化石是如何形成的?

　　并不是所有的骨头都会变成化石。事实上，我们拥有的化石遗迹只是地球上曾经生存、死亡以及消失的生物和物种的极小一部分。大多数物种存在，而后灭亡，没有留下任何痕迹。

　　当动物死亡时，其软组织通常会在露天腐烂，或被吃掉。因此，绝大多数化石都是海洋生物。有时，当海洋中的生物死亡时，如果没有被洋流撕碎或被其他生物吃掉，它们就会躺在海底并很快被沙子或淤泥覆盖，因而不会被氧化分解。沉积物层层堆积，骨骼在数吨的重量下被压缩，最终变成了岩石。与此同时，水渗入岩石，水中的矿物质取代了骨头。这个过程可能需要一万年到几百万年的时间。

化石的形成在海洋中并不常见，在陆地上则更为罕见。许多古人类化石都是在洞穴或深井中被发现的，在那里它们才能得到保护，免于食腐动物及自然因素的侵害。这些庇护所般的环境增加了它们成为化石的可能性，使得在其他种群都已化为尘埃很久之后，它们仍能存在数百万年。

大多数情况下，旧世界猴与新世界猴十分相似，但也有些显而易见的差异。新世界猴（阔鼻猴）的鼻中隔，即分隔鼻孔的软骨和骨头很宽，导致它们的鼻孔指向两侧。一些体型较大的新世界猴还有着可卷住物体的尾巴，这是我们的祖先所没有的。它们还长有三颗前白齿，而我们的祖先只有两颗。另一方面，旧世界猴（即我们的祖先，狭鼻猴）的鼻中隔很薄，鼻孔向下并向前。"狭鼻猴"这个名字的字面意思是"向下的鼻子"，而"阔鼻猴"则来自古希腊语，意为"扁平的鼻子"。与阔鼻猴相比，狭鼻猴的拇指与其他手指的差异更为明显。

第2章　精明的猿类

在3000万至2500万年前，今天的现代人类、猿类和旧世界猴还有着共同的祖先，但不久之后（从进化角度来说），人类和猿类（即类人猿）就与我们所知的猴子分开了。

类人猿的意思是"像人一样"。区分猴子和猿最简单的方法是看有没有尾巴：所有哺乳动物（除了猿）都有尾巴。很久以前，TBXT基因（也称为"尾巴"基因）发生了轻微的改变，使得猿类祖先突然失去了尾巴——这种变化在它们的后代中存续了下来，其中也包括我们人类[2]。

话虽如此，但要通过没有尾巴这一点来识别出早期已灭绝的猿类却是非常困难的，因为大部分的骨骼都处于缺失的状态。然而，没有尾巴是人猿总科（Hominoidea）的一个重要特征。现存的猿类包括大猩猩、黑猩猩、倭黑猩猩、红毛猩猩、长臂猿，当然还有人类。

除尾巴之外，小小的肘关节也将猿类与其他类人灵长类（这里指猴子）区分开来。当你伸出手臂，你的肘部就能锁定关节，将上臂骨（肱骨）和前臂骨（尺骨和桡骨）组合在一起，并使其能够围绕彼此旋转。如果手掌朝上，你可以将其旋转360度。这种灵活性为猿类所独有，猴子是无法伸直手臂的。凭借着新颖的肘部结构，以及向手臂上下延伸的强壮肌肉，我们可以挂在树上，还可以做倒立，这些动作对猴子来说却很是不易。

什么是类人猿？

如今，类人猿有两大分支：长臂猿，也就是俗称的"小猿"（长臂猿科：Hylobatidae），以及体型更为雄壮的"大猿"（人科：Hominidae），包括红毛猩猩、大猩猩、倭黑猩猩、黑猩猩和人类。通过分子钟测定，科学家们估计长臂猿这一支在大约1700万年前和"大猿"分开了。

最早的猿可能是卡莫亚古猿（Kamoyapithecus），它于1948年在东非被发现。这种生物以肯尼亚著名野外古生物学家卡莫亚·基穆（Kamoya Kimeu）的名字命名，生活在距今2700万至

2400万年前。然而，关于卡莫亚古猿究竟属于猿类还是狭鼻猴，仍存在争议。毕竟，对于这种黑猩猩大小的灵长类动物，我们所有的了解仅仅来源于它的下巴和牙齿化石，因此讨论的空间是存在的。

同样地，科学家们也不确定另一位猿类始祖候选人——原康修尔猿（Proconsul）的地位。这种无尾灵长类动物在2300万至1700万年前生活在肯尼亚的图尔卡纳地区，但它同时有着旧世界猴和猿的特征：它不但有猴子那样弯曲而灵活的背部，还有类似猿的面部结构和用双手抓握的能力。其名字中的"康修尔"（Consul）本是伦敦一只表演用的圈养黑猩猩的名字，命名的字面意思为"在康修尔之前"，也暗示着这是黑猩猩的祖先。支持原康修尔猿始祖地位的主要论据之一在于其具有稳定的肘关节。该物种的个体化石标本在肯尼亚和乌干达被发现。

虽然现代猿类具有许多身体和行为上的共同特征，但这些特征也是随着时间的推移逐渐进化而来的。在这个漫长的进化过程中，各个阶段出现的化石物种通常被称为"干猿"（'stem apes'），依然包含在人猿总科内。

一般来说，猿类的躯干宽而稳定，前后则相对较薄，并且倾向于直直地坐着。它们脊柱中的腰椎数量也比猴子少。猿类的肩膀非常灵活，肩胛骨位于背上，而不是像猴子那样位于身体的侧面。它们的大脑也相对较大，下颌处长有独特的臼齿，具有5个齿尖形成的Y形沟槽。

走出非洲

迄今为止，有关人类进化的研究中所发现的古代猿类化石都来自非洲。灵长类动物化石在其他地方都有发现，但猿类却仅限于非洲。这可能是基于偏差或偶然的结果，也可能这本身就是人类故事的一部分。有理论认为，是气候变化杀死了地球北部地区的大多数其他灵长类动物，阻止它们进化成为其他物种。2023年的一项研究[3]描述了5500万年前生活在北极的两个灵长类新种，那时候全球的气候更为温暖。但当北极变冷时，这些生物便再也无法适应。与人类不同，它们没有办法保护自己免受自然灾害的影响。

不过，总的来说猿类化石都罕见，因为它们最终往往成为掠食者的食物，骨头被食腐动物啃噬丢弃，无法保存数千年之久。有科学家认为，猴子和猿类更有可能生活在森林环境中，那里各种饥饿的动植物会吃掉它们的尸体。另一些人则认为酸性土壤环境使得遗骸不大可能形成化石（热带雨林土壤往往具酸性，会分解骨骼）。当然，也许在世界其他地方还存在着远古猿类化石，等待有朝一日被发掘出来，在地球历史中写下属于自己的那一章。

除此之外，科学家们还想到，约2300万年前，海洋将现在非洲北部地区与欧洲和亚洲分开，而这些地区一直在非常缓慢地向彼此漂移。有证据表明，2000万年前，非洲和欧亚大陆板块之间存在一座陆桥。1700万年前，当非洲与欧洲相连时，化石证据显示猿类开始出现在德国和土耳其。

20世纪初，在亚洲西瓦利克山发现的猿类化石为古人类学家提供了新的但令人困惑的证据，支持了猿类在世界各地迁徙的说法。该山脉位于喜马拉雅山麓，横贯印度、巴基斯坦和尼泊尔，最古老的标本可追溯到约1200万年前。在那里发现的西瓦古猿属（*Sivapithecus*）被认为是现代红毛猩猩已灭绝的祖先。科学家认为，红毛猩猩大约在1000万年前从非洲猿中分裂出来。

滴答作响的分子钟

现代分子技术的出现让我们发现了人类进化故事中的漏洞，也让我们开始重新思考自己的起源。19世纪和20世纪初，科学家们只能根据动物形态得出结论。但如今，基因分析可以揭示骨骼无法揭示的秘密。

所有生物都含有DNA，它是一种保存遗传信息的分子。事实上，复杂生命形式中的大多数细胞都包含全套DNA。这些信息能确保生物体的生长和机能。长链DNA（称为染色体）则构成生物体的基因组，是一套有效指导生物体发育、生存和繁殖的指令。当生物体繁殖时，它们也会将其DNA传给后代。

人类基因组包含23对染色体，封装在每个细胞的细胞核中。我们会从父母双方那里各获得一半的遗传信息。还有两条特殊的染色体用于编码我们的性别：X和Y染色体。Y染色体（男性特有的染色体）的DNA从父亲传给儿子，可用于追踪男性谱系。

在动物和植物细胞中还发现了一种称为线粒体的小结构，它负责细胞的能量生产等。它也有自己特殊的DNA，称为线粒体DNA（mtDNA）。线粒体DNA直接从母亲传给孩子，其间不会有任何主动的修改或添加。

当父母生下孩子时，会有两个重要的遗传事件发生：DNA的突变与重组。父母的DNA在遗传给孩子时可能会发生突变，例如，DNA序列中被称为核苷酸的分子可能会经历突变，变得与之前略有不同。重组，即亲本DNA分裂再重组的过程，这在两组独立DNA结合进一个个体中时是很有必要的。

从基因突变上来看，一个世代间的突变发生率已然不低：每名新生儿基因组内约含60亿个核苷酸分子，其中有近70个会发生突变。重组也会导致孩子的DNA发生变化，其每条染色体上约有1—2个基因会与父母不同。令人惊讶的是，相比核DNA（nuclear DNA），由母亲直接传给孩子的线粒体DNA更倾向于积累突变，而这可能是因为线粒体内缺乏修复机制所导致。通过对累积的突变数量进行相加，科学家们便可估算出来自相同或不同物种的两个个体拥有共同祖先的时间。

因此，对于研究智人在地球上的迁徙，以及我们何时与其他人属物种分开的，分子钟的方法特别有用。但时间越久远，事情就会变得越棘手。不同物种的分子钟其运行速度略有不同（甚至在种群内也会有些许差异）。比起年轻父亲，年长的父亲会将更多的突变遗传给孩子。而且使用分子钟还必须做出许多假设，例如物种的生育年龄等。科学家们认为，在人类进化过程中，平均突变率似乎已经在放缓了。

尽管存在一些值得推敲的地方，分子钟仍是古人类学一种强有力的研究手段，并经常与其他年代测定方法相结合来校准时间。例如，根据线粒体DNA中的突变，科学家们估计黑猩猩与古人类于900万至500万年前分开，而这一点也得到了化石记录的支持。

基因的一小步

20世纪中叶以前，科学家们只能用形态学来指导他们的研究。对于哪种"类人猿"和人类有着最近的亲缘关系的争论，一直萦绕在人类学系的走廊里。

随着分子技术和基因测序技术的普及与日臻成熟，科学家们能够更好地了解我们与其他猿类的关系。2005年当黑猩猩基因组首次被测序时[4]，这种方法的成本还极其昂贵。如今，对整个基因组进行测序已成为诊断医疗保健的一部分。

2023年，"动物法则"（Zoonomia）联盟的科学家们对240种哺乳动物（从睡鼠、鲸鱼到蝙蝠和人类）的基因组进行了测序，并梳理了其相似性[5]。据研究统计，人类基因组至少有10.7%与这项研究中的所有物种都是相同的。黑猩猩与我们亲缘关系最近的说法久已有之，但我们和黑猩猩基因的相似程度却取决于所观察的是基因组的哪一部分。

就编码DNA（实际编码蛋白质的基因）而言，人类和黑猩猩之间的差异不到1%。但很多DNA并不编码任何特定的东西（这些非编码DNA有时被称为"垃圾DNA"），在这部分DNA片段中，人类与黑猩猩存在约1.2%的差异。但是，当把眼光放到黑猩猩及人类整个的基因组时，就会发现有大量的序列存在被删除和插入的情况，因此两者间的差异扩大到约4%。

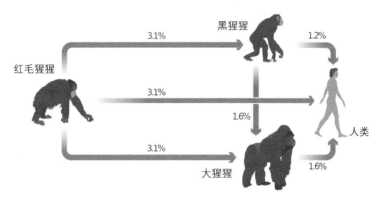

红毛猩猩　　3.1%　　黑猩猩　　1.2%

3.1%

1.6%

3.1%　　大猩猩　　1.6%　　人类

图2　各类现存猿类共有的非编码DNA（垃圾DNA）间的区别

　　虽然我们与黑猩猩之间的关系很近，但从某些角度来说，人类与黑猩猩之间的基因差异是地球上任意两个智人之间的10倍。这也说明，在进化的历史长河里，人类与黑猩猩拥有共同祖先已是极其久远的事，大概要追溯到900万到500万年前了。

　　另一个有趣的发现是，人类与大猩猩非编码DNA之间的差异为1.6%，而黑猩猩和大猩猩之间的差异也是1.6%。这表明，大猩猩积累基因突变的时间更长，拥有共同祖先的时代也更早。科学家们认为，大猩猩与人类及黑猩猩的祖先大约1000万年前就已分化了。猩猩的非编码DNA差异更大，有3.1%。所有现存猿类最后的共同祖先被认为生活在大约1500万年前。

对于这些猿类亲戚，我们每年都会加深对它们智力和能力的认识与了解。大量研究表明，类人猿具备高级认知能力，而且实际生活中也与我们有许多类似的地方。例如，黑猩猩可以认出镜子中的自己，它们还会使用工具，会用复杂的方式进行交流和解决问题。在2019年的一项研究中，人们甚至发现它们可以预测其他人何时会犯错[6]。该研究中，科学家们对34只类人猿录制了视频。视频里有两个上了锁的箱子，其中一个箱子放有物品，等着被开箱者打开。

而有些视频里，另一名研究人员会故意将物品转移到另一个箱子里，欺骗开箱者。尽管目睹了一切，知道物品已被转移，但这些猿类可以站在受骗者的角度思考，并预测开箱者会打开哪个箱子。这就是所谓的"心智理论"，猿类能够理解另一个人对世界的认知，哪怕这与它们自己的认知不同。重要的是，这项研究还表明，黑猩猩可以通过与评估人类儿童"心智理论"相类似的测试。

诚然，类人猿亲戚与我们之间还存在不小的差距，比如它们不具备人类那般适应性强的大脑、高度的自我意识以及先进的语言和文化，但毋庸置疑，共同点也是多的。而且，随着对其他类人猿了解得越多，我们就会越认识到自己与它们有多么相似。

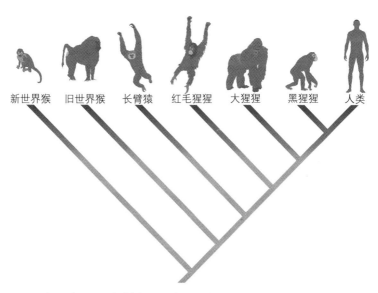

图3　类人猿亚目，包括猴子、猿和人类，是灵长类动物的一个特殊子
集。这个群体有时也被称为类人猿或高等灵长类。

人科动物与古人类（hominin）

人科动物是所有现存和已灭绝"类人猿"的总称。它们是（或曾经是）人科的一部分，包括智人、黑猩猩、大猩猩、红毛猩猩、倭黑猩猩以及它们已灭绝的祖先。

其中，"非洲猿"类群，即在非洲发现的猿类被称为人亚科（Homininae）。黑猩猩与人类的分支则被称为"人族"（Hominini），包括现存的和已灭绝的黑猩猩（黑猩猩亚族：Panina）及人类（以及我们的祖先）。但是，对"hominin"这一词根的混杂使用导致了学名及缩写的混乱，并且古人类这个名称本身也存在争议。

有学者认为，古人类应该包括黑猩猩、大猩猩和人类；另一些学者则认为只有黑猩猩和人类应被归于其中。但就日常用法来说，现存的古人类只剩下一种，即我们智人，另外所有灭绝的南方古猿（*Australopithecus*）和人属祖先也都被称为古人类。

因此，当本书提及古人类时，指的是从黑猩猩分化出来，并最终进化到我们这一谱系上的物种。

测年技术

年代的确定对人类进化研究来说至关重要。这些时间节点会构建我们对于自身进化的叙事，而定年错误的化石有可能会完全扭曲那些古老的遗骸试图述说的故事。由于古人类标本相对稀少，年代的测定会将物种及其形态上的特征锚定在历史上的某个特定地点和时刻。有了这些信息，古人类学家就能够对物种进行比较，并进一步丰富人类进化史的情节。简单来说就是，我们会依据遗骸来讲故事，将它们彼此联系起来，再与我们联系起来，而化石年代等信息正是在为这种叙述提供科学证据。不过，由于处理的遗骸通常已有数百万年的历史，故而年代测定成了古人类学中最难的部分之一。

当19世纪第一批古人类化石现世之时，人们还没有如今这些精密复杂的技术工具包。那时的科学家主要依靠如地质年代学相对年代测定技术来进行测定，即识别并估测不同沉积层的年代，再将生物的大致死亡时间放进这些时间带之中。其蕴涵的假设是：挖得越深，地层越古老，因此埋在更深地层中的化石比起靠近地表的化石年代更为久远。

但我们必须考虑到，自然灾害时有发生：地震会撕裂地球、地层侵蚀、板块移动导致地面弯曲。为排除这些干扰因素，科学家们常使用指准化石（index fossils）来定义不同地层的年龄边界，并确定不同地方的沉积层具有相同的年龄。该领域被称为生物地层学。

指准化石的存在有个基本前提，即在某个特定时间点内，某些生物体的数量极为丰富。这些物种涉足的地理范围很广，在很多地方都有发现，但它们的出现和灭绝时间又相对较短[1]。这些生物中的一小部分植物和动物变成了化石，被困在地层中。最终，这些化石就成了指示该沉积层年龄的标志。

生物地层学的另一面是生物年代学。依照该学说理论，化石

---

[1] 地质学角度的较短时间，可能历时几十万年。——译者注

物种的集合并不指向特定地层，而是表明特定的时间段，即要是在两个地理位置不同的地点发现了类似的物种，那么这些地点的年代必定大致相同。这种方法对确定南非古人类化石的年代帮助相当大，因为传统的年代测定方法要在此地实施的话，困难重重。研究人员发现，在南非的石灰岩洞穴中，与古人类化石一起被发现的动物物种——羚羊和猴子，与在东非重要遗址出土的动物物种相似，而东非遗址的年代测定是十分准确的。因此，科学家们可以将这些动物遗骸与东非发现的动物遗骸进行比较，通过这种方式来确定南非古人类的年代。最近的一项研究考察了一种已灭绝狒狒，确切地说是欧氏狮尾狒（*Theropithecus oswaldi*）的牙齿，发现其臼齿大小可用于确定南非古人类遗址的地质年龄。[7] 然而，应该指出的是，这种方法并不是特别准确，其结果经常会相差几十万年。

古地磁学是另一种测定岩石和地层及其中化石年代的方法。当磁性微粒位于地球表面时，它们下落的方向是一定的，该方向由地球磁场的方向与强度决定。随着时间的推移，这些磁性矿物质被牢牢困在岩层中，即使地球磁场发生变化，它们也会被固定住。地球磁场在过去已经发生过多次变化，这些被囚禁的磁性矿物在采样时就会暴露出来。坦桑尼亚的奥杜瓦伊峡谷（Olduvai Gorge）曾是著名的能人（*Homo habilis*）的家园，也是第一个运用地磁学测定年代的早期人类遗址。在这里，科学家们利用古地磁力来划定岩层的年龄。

放射性测年法（同位素测年法）

随着20世纪40年代碳测年技术的发现，科学家们开始可以对相对较新的化石给出准确的年代。我们都知道，生命依赖于碳——所有生物都在通过它们吃的有机物（或它们的猎物吃的）和呼吸的空气消耗着碳。然而，并非所有碳都是一样的。大气中，稳定的碳-12原子（由6个质子和6个中子组成）占据了绝大多数，但还有一种具有放射性的碳，即名为碳-14的同位素（具有6个质子和8个中子）。大气中这两种变体之间的比例在很大程度上都保持着稳定，因此它们在活着的植物与动物体内的平衡亦是固定的。不过，当生物死亡时，它们不再消耗更多的碳。于是，其体内的放射性碳-14开始衰变，并且不会被替换。根据样本中碳-14的含量，科学家们便可估算出该生物体死亡的时间。

人类起源简史：破译700万年人类进化的密码

遗憾的是，碳测年法的实用性有着十分严格的限制。首先，样本中需要含有碳或有机物，而考古记录中的许多文物，如石头、金属和许多类型的岩石都不含碳。此外，在大约5万年的时间里，碳-14就会衰变到无法追踪的程度。可是，5万年对于人类来说只是进化的一瞬，现代人类都已经存在几十万年了。5万年前，尼安德特人（Neanderthals）生活在欧亚大陆，最后幸存着的吕宋人（*Homo luzonensis*）可能仍旧漫步在菲律宾吕宋岛上，体型小巧的弗洛勒斯人（*Homo floresiensis*）也许还在印度尼西亚的弗洛勒斯岛上讨生活。还可能有丹尼索瓦人（Denisovans）徘徊在现在的西伯利亚地区，不过这一点我们并不确定。但是，我们所有其他的人类祖先，从700万年前的乍得沙赫人（*Sahelanthropus tchadensis*），到我们所有的南方古猿亲戚和人属表亲，在5万年前都早已灭亡。这使得碳测年法在梳理人类早期祖先的故事方面毫无用处。

还好，其他放射性测年方法可以让古科学家们探查更古老的年代。铀-铅（U-Pb）测年是最古老的放射性测年方法之一，这在古人类学的研究中至关重要。此方法使得科学家能够确定45亿至100万年前形成的岩石年龄。随着时间的推移，铀会衰变成铅，

· 30 ·

但天然放射性铀原子有两种类型（原子量分别为235和238）。这意味着，科学家在每次分析中都可以获得两个年代，然后对它们进行比较。不仅如此，该方法只需少量的岩石样本便可操作，借助先进的设备，科学家们甚至可以分析重量仅为百万分之几克的样品。

其他一些不稳定的原子也帮助科学家打开了过去之门。通过钾-氩（K-Ar）测年，钾的不稳定同位素钾-40在岩石形成时会被困在其中，并衰变成氩-40。新形成的岩石中不含氩，因此通过测量钾与氩的比例，科学家们就可以计算出岩石形成的时间。

通过钾-氩测年，科学家能够确定的岩石年代范围从大约43亿年前（这几乎等同于地球存在的时间）直至10万年前。而氩-氩测年或称氩同位素测年（Ar-Ar测年）则是钾-氩测年的更新版本。其工作原理相同，只是科学家在使用质谱仪分析岩石成分之前，会将岩石样本先进行辐射。质谱分析中，样品会转化为气体，其组成原子转化为离子（带电荷的原子）。在对这些离子进行偏转和分析之前，还会使用电场对其进行加速。该系统可以揭示离子的数量及质量，从而使科学家能够确定存在哪些原子以及它们的丰度。此技术特别适合确定火山凝灰岩的年龄，这类岩石在东非丰富的古人类遗址中都有所发现。

铀系测年法也是古科学工具包中的一项重要技术。大多数水中都含有铀，因此任何由水形成的物质如洞穴中的石笋，甚至岩画的颜料里都含有铀。与钾-氩测年法不同的是，钾衰变成更稳定的氩，而放射性铀会衰变成放射性钍。钍本身是不稳定的。通过测量两者（铀和钍）之间的平衡，科学家可以计算出最早约50万年前的材料的年龄。通过这项技术，科学家们便可弥合钾-氩测年法与碳测年法等方法之间的时间鸿沟。

光、电子和技术的进步

放射性物质也会影响其周围物质并揭示其年龄。例如，在电子自旋共振测年（ESR测年）中，科学家可以计算出无机物暴露于其内部放射性同位素的时间。该项技术对于确定古人类牙釉质的年代特别有用。

释光测年法可以测量目标沉积物最后一次暴露在光下的时间。虽然不如其他技术准确，但释光测年法通常被用作最后的技术办法或校准其他方法的手段。例如，它已被用来尝试确定南非的古人类遗址，那里的角砾岩（由其他破碎的矿物和石头黏合在一起组成的岩石）和地质条件使得年代测定非常困难。

在有关古人类及相关遗址与文物的科学文献中，年代和年代测定技术占据着重要地位。毕竟，将某一古人类的年龄向后推100万年或向前推200万年，都会打乱人类进化的叙事，有可能还会极大地改变我们祖先的轨迹以及物种之间可能的联系。例如，关于第一个解剖学上的现代人类的起源，以及智人首次出现的地点和时间，都存在大量争论。摩洛哥智人遗骸的最新年代测定将现代人类的起源向前推进了10万多年。与此同时，研究东非和南非化石的古人类学家正在进行一场持续的拉锯战，双方都试图宣称自己的研究地点是早期古人类的发源地。为此，两个阵营轮番发表科学论文，以期使用科学证据来支持自己的主张或质疑对方。

技术每年都在进步，古人类学也随之向前发展。有时，这意味着更精细更复杂的测年技术，从而提高了古人类化石遗址相关年代的准确性。但同时，这也意味着质谱仪和基因组测序等主力技术变得越来越便宜、广泛，可以以更高的精度对更多地点和文物重新进行测年。不管怎样，每一次测年都在为人类的故事提供更强有力的证据，讲述我们如何进化以及是什么造就了我们。

第3章　从猿到人的跨越

今天，如果你将黑猩猩和人类的骨骼并排放置，很容易就会发现其中的差异。重点在于，你摆放的很可能是两具完整的骨骼，而这是古人类学家们梦寐以求却极少能拥有的。

两者对比来看，差异十分显著。人类的脑壳又高又圆，比黑猩猩的大得多，还有扁平的脸和尖尖的下巴，而黑猩猩则有着突出的下巴和更大的门牙及犬齿。顺着骨架往下看，还有一系列的差异。因为直立行走，人类的枕骨大孔（位于颅骨底部，是连接大脑和脊髓的通道）在脊柱顶部保持着中正平衡，而且骨盆更短更宽。黑猩猩则有着对生的大脚趾，手臂比腿长。

不过，900万到500万年前，黑猩猩与古人类谱系成员之间的差异却是微妙的。早期的古人类祖先只具有我们所认为的人类特征的部分属性（而非全部属性）。因此，区分早期人类与早期黑猩猩成了非常困难的任务。

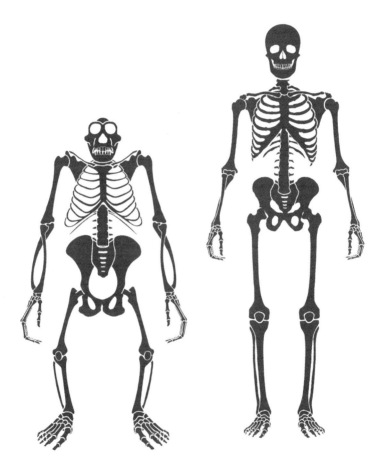

图4 黑猩猩与智人

古人类化石中要寻找的东西

牙齿：现存猿类有着非常大的犬齿，上颌的门牙与犬齿间有一个间隙，以容纳下犬齿。上犬齿沿着下颌的牙齿摩擦，这一过程称为珩磨，这使得它们的侧面变得锋利。而人类的犬齿很小，尖端会磨损。早期原始人类的牙齿可能已经开始变小并改变位置。古人类还拥有相对较厚的牙釉质，可以保护牙齿在吃硬食物时不至于破裂。

头骨：直到约300万年前，大脑的大小都还无法区分我们的祖先和猿。但与黑猩猩相比，古人类枕骨大孔的位置更靠前，因为我们的祖先会花费更多的时间站立。另一个有趣的点是，据我们所知，只有智人有下巴，而其他古人类都没有——但对于这一点，没人知道为什么。

身体：古人类最重要的特征之一是它们能够直立行走。直立行走也就是用双足行走运动，非古人类动物不会长时间这样做，这是将人类以及我们的祖先与其他猿类区分开的特征之一。但是，能让我们做到这一点的身体特征是随时间的推移而逐渐演化的，有些古人类物种可能比其他物种更加擅长直立行走。几千年过去，古人类进化出了更垂直的躯干、更短更宽的骨盆（以稳定脚步）、位于骨盆中的髋臼、更直的膝盖和更稳定的脚。

手和脚：由于我们的祖先大多时候都是两只脚站立，比在树上的时间更多，所以我们的手和脚也进化了。大猩猩和黑猩猩用指中骨关节的背面触地行走，称为指背行走（knuckle walking），并且它们的手指弯曲而有力，非常适合攀爬和抓住树枝。而人类的手指较短，指尖较宽，使我们能够操作工具、弹钢琴和握铅笔。人类的脚进化得更加稳定，能够承受我们身体的全部重量，我们也失去了对生的大脚趾。值得注意的是，如果说古人类化石很罕见，那么古人类手脚化石就更罕见了，因为它们更有可能从骨骼上脱落或被食腐动物啃得一干二净。

已知最古老的古人类：乍得沙赫人

近700万年的时间里，这些骨骼化石与一枚几乎完整的头骨一直被埋藏在乍得北部的朱布拉沙漠（Djurab Desert）中。那时，这里草木繁茂的稀树草原被森林所取代。到了2001年，当法国和乍得的古人类学家在这里挖掘出几具远古个体的遗骸时，整个托罗斯–梅纳拉地区（Toros-Menalla）已被米黄色沙子所覆盖，烘烤的烈日下看不到一棵树。

这种古人类被命名为乍得沙赫人，字面意思是"来自乍得的沙赫人"，它们的年代可追溯到六七百万年前[8]，大约是人类进化分支与古代黑猩猩分开的时间。起初，科学家们根据该地点发现的其他原始动植物化石估计了它们的年龄（生物年代学），但后来又通过放射性测年法将其年代范围缩小到720万至680万年前。

头骨化石有个绰号叫图迈（Toumaï），当地达萨语中意为"生命的希望"。在化石形成过程中头骨有明显的变形，但幸运的是大部分都完好无损。通过三维虚拟重建，科学家估计它的大脑与黑猩猩的大脑大小相同，是现代人大脑的1/4。但根据其他特征来看，它可能是人类的祖先，而不是猿类。

图迈的牙齿相对较小，齿尖有磨损。人类犬齿的尖端往往会被磨损，而其他灵长类动物的犬齿侧边常被磨得很锋利。通过分析图迈的头骨，古人类学家们还发现，乍得沙赫人的脑干进入头骨的方式说明它们已经可以直立行走了。而猿类的脑干位置正适合它们弯腰驼背、手脚并行的姿态。

然而，关于乍得沙赫人是否双足直立行走的问题一直争论不休。在最初的发掘完成之后，一根大腿骨（股骨）和一对前臂骨（尺骨）先是被意外地归为动物骨头，后在2004年被标记为可能属于灵长类动物。2017年，也就是最初的发现过去15年之后，研究人员开始研究这段大腿骨，以期解开它的秘密。3年后，他们发表了一篇论文，认为这根骨头很可能属于乍得沙赫人，但他们的发现并不支持其直立行走的观点。[9]2022年发表的一项后续研究却提出了相反的意见：根据对骨密度的研究，以及与其他现存猿类和化石猿类及古人类的比较，认为这根骨头基本上可以支持乍得沙赫人直立行走的观点。不过，其强壮的手臂表明它们仍花费了很多时间待在树上，这样无疑会更安全，可免受掠食者的侵害。[10]

不管怎样，乍得沙赫人都提供了一个可能的祖先，展示了从猿到早期人类的飞跃。要知道，我们的化石记录中还存在着100万年的空白。

图根原人

乍得以东数千千米外是肯尼亚的图根山地区，曾经，图根原人（*Orrorin tugenensis*）就漫步于此。原人属（*Orrorin*）在图根语中意为"原始人"。1974年此地首次发现了一颗臼齿，近30年后又发现了十多块骨头碎片。根据钾-氩测年，这些遗骸的年龄可追溯到620万至560万年前，使其成为迄今为止发现的第二古老的古人类。

是否要把图根原人划进人类亲属这一特殊的大家庭？学界对此存在争议。一些参与发掘的研究人员认为，它们的牙齿可以成为认定其古人类地位的因素之一：有着相当厚的牙釉质。不过，其他研究人员则认为，即便图根原人的上犬齿比猿类的小，但其余牙齿却和猿类十分相似，并且它们的牙釉质还不够厚，不足以就此将其认定为古人类。他们认为图根原人可能是早期黑猩猩的祖先。

那么，为何在有多人持保留意见的情况下，原人还是被归入古人类了呢？这就得说到一个让古人类学家特别兴奋的发现：从大腿骨骨干来看，其顶部有个小球即股骨头，相对扁平的股骨颈将股骨头与骨干连接起来，骨干上部的骨头有增厚。然而，这种增厚的部分通常都出现在习惯直立行走的生物中，于是研究人员断定，这种古老的生物可能是双足直立行走的，已摆脱了猿类的四足步态。

而正如前文所述，双足直立行走是古人类的一个主要特征。

直立行走

　　猿类和日本猕猴有时会做短距离的直立行走，而蜥蜴、某些鸟类和蟑螂（当它达到最高速度时）偶尔会启动两条腿狂奔。袋鼠和许多其他鸟类也爱用两条腿蹦来跳去的。但只有我们人类，仅靠两条腿就可以走很远的距离。这不仅是人类的标志，也无疑是一种让我们得以占领地球的本事。

　　不过，这种能力是随时间逐渐进化得来的：起初，这只是一些身体上的微妙变化，包括脊柱与头骨和骨盆的连接，以及腿骨如何嵌入髋关节窝。一旦古人类的腿开始适应直立行走，他们的脚、膝盖和腿骨的比例都会发生变化；同时，他们的手臂和肩膀也会产生变化，因为在地面上花费的时间更多，在树上的时间更少了。2023年的一项研究表明，我们的脚部形成了类似弹簧的足弓，帮助我们用两只脚行走及跑步[1]。目前，该领域的主要争论之一在于：行走在何时成为人类的主要运动形式（称为专性双足行走），而不再是不得已而为之的事情（兼性双足行走）。

鉴定人属（*Homo*）物种的一大显著特征就是他们能够长距离直立行走。尽管还不太像我们人类，但生活在190万至150万年前非洲的匠人（*Homo ergaster*）已有着长长的腿和稳定的臀部，使其能够长距离旅行，并且主流观点认为，他们已经走出非洲了。[2]

---

[1] 'Mobility of the human foot's medial arch helps enable upright bipedal locomotion' by Lauren Welte, Nicholas Holowka, *et al.* (*Frontiers in Bioengineering and Biotechnology*, Vol. 11, May 2023).——译者注
[2] 有学者认为，更早期的人类物种可能也在不经意间走出过这片大陆，只是这段旅程不如后来那些有着大长腿和稳定骨盆的人种来得容易而已。——译者注

地猿

在570万至400万年前，埃塞俄比亚生活着另一种古人类：地猿（*Ardipithecus*）。当地阿法尔语中，这意为"在地上生活的

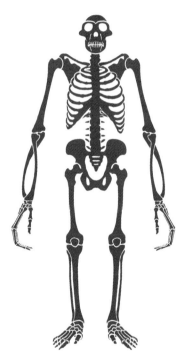

图5 阿尔迪（Ardi），成年女性，始祖地猿，生活在440万年前的埃塞俄比亚。多年来，她一直是已知最古老的古人类。

猿"。今天的阿瓦什山谷属于半干旱地区，但数百万年前，这里却是枝叶繁茂，绿树成荫，森林和草地交织在一起，其间点缀着湖泊与些许沼泽。

地猿属有两个物种。其中年代最早的卡达巴地猿（*Ar. kadabba*）来自阿瓦什地区中部，我们对这个物种的了解仅限于一些牙齿、部分下颌骨以及手、脚和锁骨的化石碎片。尽管如此，古人类学家还是提出了论断，所依靠的证据比这些要少得多。

如何定义物种：统合派与分割派

进化解剖学家伯纳德·伍德将古人类学家分为两类：统合派与分割派。统合派倾向于将物种"合并"在一起，认为一个物种内的个体可能看起来完全不同，而分割派更喜欢识别多个物种，从而将古人类"分割"成许多类别。

这种划分的核心问题在于，需要确认一个物种内到底能容纳多少变异。这也是人类进化中许多争论的根源。不过，在很多情况下，所有的证据仅是些骨头碎片和牙齿，要想借此做出决定就很困难了。

除此之外，时间也是一个重要因素：我们正在研究的古人类物种历经进化、生存并灭绝。对哺乳动物物种来说，物种的平均寿命约为100万年。而长期存在的古人类物种，如直立人（*Homo erectus*）至少存续了170万年，在如此漫长的时间段内，一个物种可以发生很大的变化。

伍德在其《人类进化简史》一书中将古人类化石喻为长跑比赛中的静态照片[11]。古人类学家需要确定的是：他们正在查看的是同一场比赛的不同照片（同一物种的不同个体），还是不同比赛的多张照片（多个不同物种）[1]。

认为卡达巴地猿双足直立行走的论据仅仅是一根趾骨，其形状与后来直立行走的古人类相似。许多古人类学家对此并不信服，特别是考虑到它那巨大而突出的犬齿、与猿特别类似的锋利的牙齿，以及相对较小的咀嚼牙。如果将来能发现更多的卡达巴

---

[1] 原文中用的词为 race，含义既有赛跑，也有种族。——译者注

地猿化石，我们或许能够更加确定地将该物种纳入我们的古人类族谱。

毫无疑问的是，第二个地猿物种——始祖地猿（*Ar. Ramidus*）（意为"地上生活的古人类之祖"）是一种古人类。多年来，始祖地猿一直是我们已知的最古老的人类祖先。20世纪90年代初，美国古人类学家蒂姆·D. 怀特（Tim D. White）领导的研究队伍在埃塞俄比亚阿瓦什河谷中部的阿拉米斯地区（Aramis region）发现了许多个体。

其中，最令人印象深刻的是一位440万年前生活在那里的成年女性阿尔迪。她的体重应该约有50千克，身高1.2米。通过拼接她的一些手骨和指骨、部分大腿和小腿、牙齿以及一百多块头骨碎片，研究人员试图还原她。然而，头骨碎片非常脆弱且破碎得厉害，花了许多年时间才将其稳定并拼到了一起。确切地说，科学家们必须使用显微镜和针才能从周围的岩石中提取出骨头碎片。

还好，重建工作所付出的努力得到了丰厚的回报，重建后的阿尔迪展现出猿类以及更现代的人类的混合特征。结果表明，阿尔迪的大脑虽然很小，但她的枕骨大孔更接近头骨中部，这表明她可能是直立行走的。而且，她的骨盆顶部又宽又浅，亦有助于稳定她的步态。但她的骨盆下部却又像猿猴一样长。在阿尔迪生活的时代，阿瓦什河谷中部的部分地区已经被森林覆盖，还有些树木繁茂的草地。因此，她可能双足行走的结论直接打破了稀树草原促使古人类开始双足行走的观点。

阿尔迪的牙釉质厚度介于黑猩猩与南方古猿之间，虽然犬齿尖部有磨损，但咀嚼牙比后来的古人类要小。

另外，她的手也无法像后来的人类那样操纵工具，她还有一个与其他四趾分开的对生大脚趾，更利于攀爬而不是行走。不过，从另一个出土于埃塞俄比亚戈纳（Gona）地区，距今460万至430万年前的始祖地猿个体来看，其足部更适合行走，表明该物种内部间也存在一些变异。

有古人类学家认为，卡达巴地猿应该和始祖地猿合并成一个大群。其他研究人员的提议甚至更进一步，认为所有这些早期人类，从沙赫人到地猿都应被归类为一个属，或者甚至是一个物种。当然，这最终还要取决于，单一物种中所能认同的变异程度有多大。

如何知道古人类吃什么

一个生物吃什么或曾经吃什么可以告诉你很多关于它的信息。首先，饮食表明了它生存的环境——如果它生活在沙漠中，它就不可能靠水果维生。其次，饮食可以展现获取与准备食物所需的认知复杂性。例如，有些食物必须煮熟，这说明其具有觅食、使用火甚至生火的能力。动物的饮食也与它花在寻找食物上的时间有关。例如，大熊猫以竹子为生，为了获得足够的能量来维持身体运转，醒着的大部分时间里它都在觅食和进食。

当谈到已灭绝的人类时，他们的牙齿包含了他们吃什么的线索，从他们的饮食中我们可以推断出许多有关其行为和生活的信息。要知道，古科学领域的许多研究都集中在古人类的牙齿上。

植物中的碳

植物具有不同比例的碳同位素，特别是碳-12和碳-13。与碳-14不同，它们都是稳定的，而碳-14具有放射性并可用于测定有机物的年代。科学家们将饮食分为C3和C4食物[1]。与自然中大气水平相比，C3和C4植物的碳-13含量均较低，但它们的碳-12与碳-13的比例却不同。这个比率会沿着食物链向上传递，因此当掠食者吃了喜食C4食物的猎物后，其牙釉质中就会含有更多的C4。C3饮食包括水果和树叶，这些食物最有可能在林地或森林中找到。相比之下，C4植物包括草、种子和块茎，这些在草原上会更加丰富。通过检查原始人类的牙釉质，科学家们便可推断出它们吃什么以及可能住在哪里。

首先是牙齿的形状和组成。古人类的前臼齿与臼齿很尖，且相对较大，因此他们能够咀嚼各种更坚硬的食物，从而扩大了其可能的栖息地。同样，增厚的牙釉质可以保护古人类的牙齿在咀嚼坚果时不至于破裂。随着人类的进化，犬齿也变得越来越小，但科学家们认为，这更有可能与社会行为有关，而非与饮食有

---

[1]　C3作物生长在温度较低的地区，主要分布在温带和寒带；C4作物生长在温度较高的地区，主要分布在热带和亚热带。——编者注

关。当然，这并不能完全排除犬齿缩小是源自饮食发生变化的可能性。不过，雄性类人猿的犬齿就比雌性的要大得多。雄性大猩猩有非常大的犬齿，可它们主要吃些水果和植物（有些亚种喜欢蚂蚁）。这让科学家们认为，它们那令人生畏的牙齿主要是为了与其他雄性竞争并攻击对手。

其次是牙齿表面显示出的微磨损，这有点像你擦窗户的时候用的是软布还是金属洗碗球从痕迹能看出。块茎（主要生长在地下，如土豆）被挖出时表面会沾有很多土，如果古人类吃了许多块茎，沙砾就会在其牙齿表面形成特定的纹路。吃坚果的则会在牙表面留下撞击坑。

第三，同位素化学分析为古人类祖先的饮食提供了直接证据。同位素是同一元素的变体。例如，碳有15种已知同位素。它们都有6个质子，但中子数量不同。同位素化学分析涉及测量各种元素的同位素，包括氧、碳、氮和锌，并将这些比率与现存的已知其饮食结构的动物进行比较。通过同位素化学分析，科学家们可以推测出古人类吃的食物类型，例如他们吃的草是否多于水果，或者他们是否会吃食用这些植物的其他生物。

第二篇章

早期古人类

第4章　南方古猿

　　数百万年前，地球上的景观与今日截然不同。纵观地球历史，极地冰盖历经冻结、解冻和再冻结，在冰冷的深处贮藏了数百万立方千米的淡水。当气候再次变暖，这些水汇入了海洋。无数的小苗成长为森林，又腐烂成为覆盖物，最后变成了草原。大陆本身也在移动，山脉隆起，地貌扭曲，而火山则用沸腾的、富含矿物质的熔岩和火山灰覆盖了大地。

　　变化的地貌对于寻找化石具有非常重要的影响。当生物开始漫长的石化过程时，它们大多埋藏在沉积层中（尽管也有明显的例外，如落入沼泽并自然木乃伊化的生物）。它们的身体上覆盖着层层的土壤、灰烬和泥土，这些沉积层的化学成分可以让它们更容易被发现并测定年代。早期人类化石发现的两个主要地区——南非和东非正是得益于当地幸运的地质条件。

南非的"摇篮"地区

在南非，距离该国经济中心约翰内斯堡西北约50千米处，有一座古人类化石遗址宝库。该地区拥有连绵起伏的绿色丘陵，被当地政府称为"人类的摇篮"，并于1999年被联合国教科文组织列为世界遗产。但是，联合国教科文组织称其为"南非古人类化石遗址"，并没有将尚有争议的"摇篮"称号赋予这片起伏的土地。遗址的面积约150平方千米，只有伦敦面积的1/10，但却是世界上最丰富的古人类遗址之一。古人类学家在这些遗址中发现了大量早期人类骨骼（实际上，这在全球范围内都罕见）、文物及动物遗骸，对我们了解人类的进化做出了巨大贡献。

大约23亿年前，这里还是一片广阔而温暖的内海，是新兴珊瑚礁群落的家园。海洋和海洋生物中的钙和镁为白云岩奠定了基础，正是这种岩石构成了"摇篮"区域地质构造的一部分，从而使得这里成为考古发掘的化石宝库。

原因有两个。第一，石灰石（碳酸钙）经常与白云石一起被发现，19世纪时，石灰（氧化钙，石灰石的衍生物）是南非贸易量很大的商品。当时，快速发展的殖民社区急需建设，石灰制成的砂浆用来黏合砖块，建造房屋。在南非当地，石灰石开采是项大生意，事实上，一些重要的古人类化石，如"汤恩幼儿"（Taung Child，南方古猿非洲种）和"小脚"（Little Foot），都是在矿工用炸药炸开白云石寻找石灰石时被发现的。

　　能够在此地发现大量化石的第二个原因是：含有二氧化碳的地下水可以溶解石灰石，形成溶洞。对于许多不幸的生物来说，一个不小心踏错便是万劫不复，掉进垂直的竖井里。水已经侵蚀了脚下的岩石，坠入地下洞穴便无法逃脱。例如在马拉帕（Malapa）有个怪树遍布岩石的遗址，其周围是"摇篮"地区典型的覆满草地的丘陵，遗址的一个洞穴内就有古人类及动物化石，而这些化石上没有任何肉食动物牙齿的痕迹。马拉帕的化石宝藏十分惊人，有超过25个物种，很可能它们都是数百万年前因跌入危险的裂缝坠落而死。

　　不过，"摇篮"地区独特的地质条件也使其年代很难被确定。这些洞穴和裂缝可能会自行塌陷，来自不同沉积层的碎片、骨头与无数岩石聚集在一起，形成了一种由碎屑拼凑而成的岩石，称为"角砾岩"（breccia，来自拉丁语，字面意思是"瓦砾"）。这种拼凑与堆积使得年代测定成了一项相当棘手的任务。许多情况下，科学家们会重点考察与化石本身紧紧粘在一起的沉积物，以避免一不小心将凝固在周围的岩石作为标本定年。

随着技术的运用和进步，我们对这些难点地区的测年能力也在提高。2019年《自然》杂志上的一篇论文中[12]，科学家们描述了一种缩小早期古人类可能年代范围的方法。在气候历史上的潮湿时期，雨水渗入基岩，导致"摇篮"地区的地下洞穴及空洞中形成流石层。流石是片状的碳酸钙堆积，可以使用铀-铅测年法相当准确地测定其年代。然而，潮湿的环境并不适合化石形成，这意味着化石丰富地区的石化遗存极有可能源自生活在干旱时期的生物。据此，科学家们划定了"摇篮"地区可能更干旱的时期，从而有效地界定了这些生物曾经生活的年代。

东非的财富

在东非发现的化石不存在南非化石那样的测年问题，因此常被用作南非遗址化石的参考。从地理上看，非洲大陆像张纸一样沿着东非大裂谷被撕开。这一过程始于2500万至2200万年前，有科学家认为，再过几百万年，东非可能会完全与非洲大陆分离。

　　裂谷像极了一个"Y"形的嘴，吞下了一个圆形地带。裂谷顶部位于红海，环抱着中东两侧，后向南延伸直达埃塞俄比亚，并在那里分出东部与西部两个分叉。两个分支各自行进，最后在南部重新结合到一起。东非大裂谷绵延数千千米，穿越埃塞俄比亚、肯尼亚和坦桑尼亚等多个国家，这些地区都存有许多重要的古人类化石遗址。

　　该裂谷也是世界大陆上最大的断裂带，地壳运动活跃，是活火山与休眠火山所在地。当板块构造运动将大地撕裂时，活火山的熔岩充满了裂谷中的山谷，覆盖了裸露的表面。火山灰也如雨点般落下，随着时间的推移形成了火山岩层。在某些地方，由于裂谷太深，以至于地核的熔融岩浆渗到了地表。火山岩层被称为凝灰岩，每层凝灰岩都十分独特，可以通过放射性测定其年代。当一块化石夹在两块凝灰岩之间时，它的时间就被暂停了，最底层的凝灰岩层记录它最古老的可能年龄，而较新的凝灰岩层则描绘它最年轻的可能年龄。

多产的阿瓦什

阿瓦什河发源于埃塞俄比亚首都亚的斯亚贝巴以西地区，人类的祖先已经在阿瓦什山谷里生活了数百万年。这个半干旱地区是世界上古人类化石最丰富的地区之一，也是一些标志性古人类化石个体的家园。1980年，阿瓦什河谷的一部分（阿瓦什下游河谷）被联合国教科文组织列入《世界遗产名录》。440万年前，一只名为阿尔迪的成年女性地猿就生活在那里。多年来，她一直是已知最古老的人类祖先。阿瓦什河谷也是320万年前的露西（Lucy）的家园，她是第一个已知的南方古猿阿法种（*Australopithecus afarensis*）成员。自1938年以来，科学家们一直在该地点开展着发掘与研究工作。

这些火山岩的矿物质含量差异也很大，某些岩层的风化速度比其他层更快。在东非，有些地区正是因风化作用和地壳运动使化石暴露出地表。一些来自东非的世界上最伟大的人类化石，如阿尔迪就是由于暴露的骨头碎片而被发现的。1994年，著名的埃塞俄比亚古人类学家约翰内斯·海尔-塞拉西（Yohannes Haile-Selassie）还是名学生，他在埃塞俄比亚阿瓦什地区中部的阿拉米斯地区的沉积物表面发现了阿尔迪的两块手骨，使得古科学家团队随后发现了其更多的骨头化石。

科学家们在东非遗址中发现了许多化石，其时间跨度长达数百万年。动物物种的多样性提供了这些生物与古人类共同生活的快照，并给出了有关我们祖先居住环境与景观的线索。在有些遗址如肯尼亚的奥罗格赛利（Olorgesailie）和坦桑尼亚的奥杜瓦伊峡谷，古人类学家还发现了一些工具和文物，指向了早期人类以及人类的认知发展。

古人类学的偏差

一直以来，人们使用化石作为人类进化故事的路标。但在过去的几十年里，古人类学家们越来越意识到化石记录中的偏差以及他们自身的偏见，正努力纠正着这一点。

有些物理现实扭曲了我们对人类叙事的理解。一方面，我们很少能找到完整的骨骼化石。古人类骨骼的某些部分比其他部分更易保存，例如，比起手指，我们发现的被牙釉质包裹住的牙齿化石更多，因为手和脚比头骨更容易被食腐动物吃掉或被冲走。对于掠食者来说，肌肉发达的大腿骨也可能比满是骨头的头骨更加美味。这意味着，骨骼的某些部分在化石记录中得到了更好的体现，因为对其了解更多，我们对这部分的进化也更为重视。除此之外，在石化过程中，体型实际上也很重要，大型生物的身体部位更大，更容易在转变过程中被保存下来。

另外，种群数量较大，且地理分布区域更广的物种更有可能成为化石，而较小的族群也许就此消失得无影无踪。

有些环境更有利于化石的保存。东部非洲及南非幸运的地质条件使得数百万年的骨骼和文物得以留存，但正如在乍得发现的乍得沙赫人所显示的那样：非洲其他地区也存在古人类或可能的最后的共同祖先。这片土地上很可能还生活着其他物种，当它们死亡时，它们的尸体被食腐动物吃掉，它们的骨头被侵蚀成了尘土。

不得不说，无论是出于自然地理还是政治原因，有些地区更容易进去探索。例如，在朝鲜已发现了古人类化石，但国际古人类学家很难到那里。在亚洲的一些地区，古生物学发现常会使用本国语言叙述并发表在当地期刊上，这使得非该国母语的科学家无法接触到这些发现。

另外值得注意的是，仅仅因为在某个地方发现化石并不意味着那里就是古人类居住的地方，甚至并不意味着是其死亡的地方。洪水可能会卷走古人类的尸体，将其带到特定的地点。捕食者也可能将尸体拖回巢穴。

1871年，达尔文出版的《人类的由来及性选择》一书让我们看到了另一个可能的重要偏见。他在这本书中指出，相较于亚洲猿类（红毛猩猩），现代人类与非洲猿类的相似度更高。因此，达尔文推测，人类很可能是在非洲进化的。这一假设引导古人类学将目光投向非洲，将其看作人类的诞生地。虽然目前为止，化石记录支持了达尔文的推测，但人类的故事可能比我们想象的更复杂。

如今，科学家们已意识到，偏见是种潜在的影响，可能会扭曲他们的研究结果，个人和机构都将其视为需要识别并纠正的东西。但一个世纪前，情况并非如此。在该学科草创时期，科学家们自身对种族及某些种族优越性的偏见影响了他们对科学事实的解释。1925年，当出生于澳大利亚的南非科学家雷蒙德·达特（Raymond Dart）提出在南非发现了早期人类祖先时，学界对他的发现表示怀疑，部分原因就在于，许多成员不相信人类可能起源于非洲而不是"智力优越"的欧洲。

长达40年的骗局

尽管查尔斯·达尔文在19世纪末提出人类是在非洲进化的，但他没有直接证据支持其理论。在欧洲发现了尼安德特人及早期现代人类的化石，荷兰古人类学家尤金·杜布瓦（Eugène Dubois）在爪哇的特里尼尔（Trinil）发现了直立人的头盖骨。1907年，德国毛尔（Mauer）一个沙矿的一名工人挖掘出了第一个海德堡人（*Homo heidelbergensis*）的样本。

但在1912年，英国业余考古学家查尔斯·道森（Charles Dawson）制造了古人类学中最大的科学骗局之一，扭曲毒害了人们对人类进化的理解长达几十年。他声称在英国东萨塞克斯郡的皮尔当（Piltdown）一个砾石坑中发现了人类祖先的头骨碎片。这种被称为"皮尔当人"（Piltdown Man）的"古人类"被认为是人类和猿类之间"缺失的一环"。

尽管当时许多科学家对道森说法的真实性都提出了质疑，但现代人类是在欧洲进化的这一点已成为当时人类进化的普遍认知。40多年来，皮尔当人一直阻碍着学科进步以及对人类起源的理解，直到1953年骗局被揭穿。新证据表明，道森是骗局的始作俑者，他将人类的头骨碎片和类人猿下颌及牙齿甚至一些工具拼凑在一起，再故意将它们做旧处理。[13]

这场惊天骗局也导致事实上的那些真正考古发现，如德国的海德堡人化石以及随后发现的其他关键化石，至少在当年是被忽略排除了。

南方古猿非洲种

1924年，一箱来自南非汤恩石灰石采石场的化石被送到约翰内斯堡金山大学的雷蒙德·达特手中。这些化石包括一个儿童的面部和头骨，同时长有乳牙和恒牙。还有一个大脑模型，是石灰岩沉积物充满脑腔时形成的。达特专门研究大脑，他立刻注意到这个大脑与人类的非常相似，即使骨骼的其他部分并非如此。

　　这个孩子的大脑比较大，头骨上的枕骨大孔表明它很可能是直立行走的。当然它绝对不是现代人，而是人类的祖先。达特于1925年在颇具影响力的《自然》杂志上发表了他的发现，并将这一新物种命名为南方古猿非洲种（*Australopithecus africanus*），意为"来自非洲的南方猿"。[14]但是，他的发现遭到广泛的质疑，部分原因就在于当时"皮尔当人"已证明欧洲是人类的诞生地。在发现"汤恩幼儿"之后，该地区再也没有发现过其他古人类化石，有理论认为，这是因为这名生活在230万年前的3岁幼儿被一只老鹰叼起并带回了巢穴。[15]

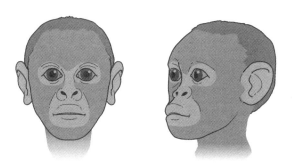

图6　1925年雷蒙德·达特描述的"汤恩幼儿"，是在非洲发现的第一个古人类化石。

最终，10年后，当人们在南非的"人类摇篮"地区发现更多南方古猿个体时，达特的观点被证明是正确的。现在的化石记录中有很多南方古猿非洲种标本，虽然这些化石往往不完整，但将它们全部综合起来看，我们对南方古猿非洲种的形态已经有了很好的认识。

这些古人类生活在330万到210万年前的南非。他们体型并不大，男性身高不到1.4米，重约40千克。与现代人的大脑相比，他们的脑容量也很小，约为428至625毫升，但这比始祖地猿的大脑要大。地猿的脑容量为300至370毫升，大约与一只咖啡杯的容积相同。南方古猿非洲种的大脑容量几乎是其两倍。

南方古猿非洲种的牙齿比类人猿的牙齿小很多，但依然比现代人的牙齿要大。他们的手融合了人类和类人猿的特征，手指相对弯曲，手臂肌肉特别强壮，这表明他们有相当长的时间在树上生活。但他们的拇指和手腕又表明，他们可以精准地用拇指和其他手指夹住物体。他们的骨盆和腿骨也有力地证明了南方古猿非洲种可以直立行走。

就他们的社会生活而言，2011年有一项有趣的同位素研究，[16]调查了南方古猿非洲种和罗百氏傍人（*Paranthropus robustus*）牙齿的化学差异。由于动物在其成长期吃喝的食物和水会在牙齿上留下可识别的矿物质痕迹，研究发现，南方古猿非洲种的女性更有可能离开出生地，加入更远的家庭。这种社会组织模式不同于大猩猩的"后宫模式"，在大猩猩群体中，雄性才是离开家庭群体的人。

"汤恩幼儿"在人类进化史上至关重要，因为这是在非洲发现的第一个古人类化石。这是将人类故事与非洲联系起来的重要证据，随着时间的推移，这种叙述现已转变为：大部分的人类进化都在非洲大陆完成。重要的是，达特的发现，以及后来他的同事——英国裔南非医生及古生物学家罗伯特·布鲁姆（Robert Broom）的发现播种下这样一种观念：人类曾经在非洲生活并繁荣起来，人类可能起源于那里。这为后来更多的发现铺平了道路，而更多的发现也证明事实确实如此。

什么是南方古猿

达特创造了"南方古猿"一词，意为"南方的类人猿"。1925年，在其发表于《自然》上富有开创性的论文中，他将其描述为"现生类人猿和人类之间的中间体"。如今，它被广泛认为是早期古人类（例如乍得沙赫人和地猿）以及后来的人属古人类之间的中间体。

南方古猿是古人类的一个属，但对于哪些物种应包含在该属中、他们是否确实是有效的独立物种，以及他们与之后的古人类有何关系等问题，古人类学家之间还存在很多争议。

不过，他们在以下这些描述上意见是一致的：该类群的物种生活在420万至200万年前的非洲；他们很多时候都是两足行走；他们的咀嚼牙很大，有着厚厚的牙釉质；他们的脑容量相对较小。若要对属内的物种进行区分，则主要根据他们与之前的猿类物种，以及与后来的人属物种之间的关系来定义，而对于他们之间有何联系还知之甚少。

想要在不同物种和属之间建立直接的、科学上的可靠联系是十分困难的。原因之一是，尽管我们不断补充着古人类化石记录，对古人类的了解也逐渐加深，但记录本身依旧相对匮乏。

而当我们渴望为人类勾勒出一个简单的故事框架时，另一个更大的阻碍挡在了前面：非同源相似性。这使得情况变得更为复杂。非同源相似性，也称为趋同进化，是指两个谱系或物种进化出相同的特征，即使它们没有最近的共同祖先。例如，蝙蝠、鸟类和昆虫都是各自独立进化出翅膀的。在人类的进化故事中，这意味着不同的南方古猿物种可以独立进化出更多"像人一样"的特征，相互之间没有关联。

尽管如此，南方古猿在非洲漫游了大约200万年。他们与之前的古人类截然不同，融合了古代与现代的特征，而这些特征正是许多年后人属古人类出现的先兆。

更早期的南方古猿：南方古猿湖畔种

自雷蒙德·达特于1925年描述并命名了"汤恩幼儿"以来，古人类学家已经发现了多个南方古猿非洲种个体。他们生活在330万至210万年前，但在此前数百万年的时候，南方古猿湖畔种就已徘徊在肯尼亚附近了。

1965年，哈佛大学的一个研究小组在肯尼亚大裂谷的卡纳波伊（Kanapoi）地区图尔卡纳湖畔发现了一块手臂骨，但由于没有任何其他化石或信息，该臂骨在近30年间一直没有被分类。1995年，英国古人类学家米芙·利基（Meave Leakey）根据在肯尼亚卡纳波伊和阿利亚湾（Allia Bay）发现的标本确立了南方古猿湖畔种（*Au. anamensis*）这个物种，这块孤零零的臂骨也被纳入新物种中。

"湖畔"这个名字来自图尔卡纳语中的"湖"（anam）一词。卡纳波伊的南方古猿湖畔种化石可追溯到420万至410万年前，而采集自图尔卡纳湖对岸的阿利亚湾的化石标本则约有390万年的历史。此后在这一地区又发现了更多标本。

和南方古猿的其他物种一样，南方古猿湖畔种是具有类人猿和人属特征的混合体。他的脸下部向前突出，脑壳很小。他的手腕表明他经常用指背关节移动，这一点类似非洲类人猿，但他的部分膝盖和胫骨更适合两足行走。特别是，他的胫骨顶部较厚，表明他可以直立行走，而其脚踝的位置也支持了这一假设。对他厚厚的牙釉质进行分析表明，其饮食富含C3食物，主要由水果组成。

在埃塞俄比亚，特别是在阿法尔地区（Afar Region）也发现了不少南方古猿湖畔种化石。这些化石是在阿瓦什中部，也就是始祖地猿发现地点附近被发现的，始祖地猿生活在大约440万年前，比南方古猿湖畔种早了几十万年。2019年，埃塞俄比亚古人

人类起源简史：破译700万年人类进化的密码

类学家约翰内斯·海尔-塞拉西宣布，在埃塞俄比亚发现了一个几乎完整的头骨，距今已有约380万年的历史。

许多古人类学家认为，南方古猿湖畔种进化为南方古猿阿法种，并最终被南方古猿阿法种取代。南方古猿阿法种是另一种古人类，无论是在时间上还是在地理上，都与南方古猿湖畔种有一定重叠。而另一些古人类学家倾向于将南方古猿湖畔种和始祖地猿归为一个单一的进化物种。

南方古猿阿法种

1973年，美国古人类学家唐纳德·约翰逊获得了一个惊人的发现，我们最著名的早期人类祖先之一出现了。名为露西（Lucy）的南方古猿阿法种，在埃塞俄比亚阿法尔地区阿瓦什山谷的一个名为哈达尔（Hadar）的地点被发现。

身材娇小的露西身高仅一米多一点，以披头士乐队的歌曲《缀满钻石天空下的露西》命名，那时研究人员在野外考察期间常在晚上播放这首歌。在埃塞俄比亚的官方语言阿姆哈拉语中，她被称为"Dinkinesh"，意思是"你是如此美妙"。科学家们估计她死于大约320万年前，有种假设是她从树上掉下来摔死了。

露西的发现有许多值得一提的事情：尽管古人类学家只发现了她约40%的骨骼，但这已是当时发现的最完整的古人类化石。她也是当时科学家发现的最古老的古人类。此外，尽管她的大脑相对较小，但她是直立行走的。这表明，在后来人属物种的脑容量显著增加之前，古人类的双足直立行走就已出现了。

1975年，古科学家从哈达尔挖掘出200多块古人类化石，来自至少13个个体，其中包括4名儿童。从那时起，科学家们发现了更多的南方古猿阿法种化石，使其成为化石记录中最具代表性的南方古猿物种之一。南方古猿阿法种在东非各地都有发现，包括坦桑尼亚的莱托利（Laetoli）、埃塞俄比亚的哈达尔和肯尼亚的某些遗址。

热点地区哈达尔

哈达尔遗址位于阿瓦什河畔，阿法尔三角（Afar Triangle）地区的南部边缘。阿法尔三角是东非大裂谷的

人类起源简史：破译700万年人类进化的密码

一部分。如今的哈达尔是一片米灰色沙丘的样貌，背景只有蓝色的天空。但从脚下的火山岩层出土的化石表明，这里曾经是一片植被繁茂的洪泛平原。在350万至290万年前，这里还是许多物种的家园。该遗址不仅以其南方古猿及其他化石闻名，还因出土的石器而闻名，这些石器很可能为后来的古人类所使用。

1978年，古科学家们确立了南方古猿阿法种这个物种，并将已发现的广泛分布的个体纳入其中。"afarensis"这个名字是对露西被发现的阿法尔地区及其人民的致敬。

南方古猿阿法种存在于大约390万至300万年前，是一个存续时间特别长的物种。相比之下，智人出现的时间差不多只是其1/10。南方古猿阿法种与其他南方古猿一样，混合了猿和人的特征。他们有向前突出的脸和相对较小的大脑，脑容量从385到550毫升不等。这比南方古猿非洲种的大脑更小些，南方古猿非洲种的大脑容积为428至625毫升，但比阿尔迪的脑壳大得多，后者的容积仅相当于一罐可口可乐（300至350毫升）。

部分南方古猿阿法种的个体在其头骨顶部和后部长有骨脊，上面附着的肌肉赋予他们强大的咀嚼能力。然而，他们的牙齿与猿类祖先有着显著的差异。南方古猿阿法种已经完全丧失了非洲类人猿那样的犬齿珩磨复合体。此外，与黑猩猩相比，他们的犬齿要小得多，咀嚼牙要大得多。牙齿形态的变化表明食性的不同，说明其食物中包括较硬的食物。对牙釉质中碳同位素的研究还表明，他们的饮食包括草原植物，如莎草或禾本科等C4植物，而非猿类食性中占主要成分的C3植物。尽管从骨盆以及腿部、膝盖和脚部的众多适应性可以看出，露西和她的南方古猿阿法种小伙伴可以直立行走，但他们依然能够爬树。这意味着，南方古猿阿法种不仅在草原上觅食，同时也具有很强的树栖能力，这让我们对他们生活的环境有所了解。

最小的和最大的南方古猿阿法种

雷蒙德·达特在一箱化石中发现了"汤恩幼儿"的70多年后，又有一个小小的南方古猿被发现了。2000年，埃塞俄比亚古科学家阿莱姆塞吉德（Zeresenay Alemseged）发现了一个南方古猿小女孩的面部化石。在距离埃塞俄比亚哈达尔几英里远的迪基卡（Dikika），这个南方古猿阿法种女孩的脸从被侵蚀的山坡上伸了出来。花了5年的时间，研究人员才将她从石板上挖出来。

两性异形

在现代人类中，男性和女性看起来非常相似。当然，生理学上是存在差异的，但这差异并不像山魈那样明显。在这些旧大陆猴中，雄性的体重几乎是雌性的3.5倍。雄性的脸颜色鲜艳，中间有条红线，两侧是有凹槽的蓝色皮肤。统治地位越高的雄性，其脸上的颜色越亮。雄性的外生殖器也是彩色的（像是紫色、蓝色、红色和粉色组成的彩虹）。

同样，大猩猩也是高度两性异形的，雄性大猩猩比雌性大得多，并且拥有巨大的牙齿。这种适应性进化与社会动态及雄性之间的竞争有关。然而，在人类和黑猩猩中，性别之间的差异要小得多。与大猩猩相比，现代人类的性别差异非常小。学界认为，对于许多古人类物种来说，情况也是如此。不过，将这些假设反推到化石记录上是危险的。[1]

她被命名为塞拉姆（Selam），意思是"和平"，但有时也被称为"迪基卡小孩"（Dikika Child）或"露西的宝宝"（Lucy's Baby），尽管她已330万岁，比露西还年长12万岁。她似乎没有受伤或遭到掠食者的攻击，有可能是掉进河里或被洪水冲走了。

阿莱姆塞吉德和他的团队发现了一个几乎完整的头骨、躯干和部分四肢，头骨上有完整的一副乳牙，乳牙后面有尚未长出但正在形成的恒牙。她的肩胛骨和手臂，以及紧握的脚和弯曲的手指都表明，这个南方古猿阿法种是个很强的爬树能手。

---

[1] 例如，女性智人有一个独特的骨盆，可以支撑她们直立行走、生育头部较大的婴儿，还能够在温暖气候下维持稳定的体内温度，但这并不意味着南方古猿也具有类似的骨盆特征。骨盆大小以及骨盆的适应性进化是古人类学家试图确定性别的一种方式，然而这也有可能只是物种内的个体差异。——译者注

人类起源简史：破译700万年人类进化的密码

科学家通过计数她牙齿上的微观生长线，确定了她的年龄（2.4岁），而牙齿的大小表明她是女性。男性南方古猿阿法种的个体比女性个体更大，牙齿也更大。

小孩子的骨头又轻又脆，他们更有可能成为掠食者或食腐动物的猎物。这使得他们在古人类记录中显得尤其珍贵。塞拉姆的发现是个罕见的机会，可以让科学家们了解南方古猿阿法种作为一个物种和个体是如何发展的。

5年后的2005年，埃塞俄比亚古人类学家约翰内斯·海尔-塞拉西在阿法尔地区发现了一具360万年前的南方古猿阿法种的部分骨骼。他给这具化石取名为"Kadanuumuu"，在当地阿法尔语中意为"大个子"，因为相对而言，这个男性是一个巨人。他身高超过1.5米，比露西高0.5米，年长约40万岁[1]。

"大个子"的出土为南方古猿阿法种研究提供了重要的数据参考。他的出现表明，物种内部确实如研究人员预测的那样存在巨大的体型差异，以及高度的两性异形，而这种差异在人类谱系后期的个体中消失了。但是，鉴于科学家没有找到他的牙齿或头

---

[1] 有时也被昵称为"露西祖父"。——译者注

骨，其他研究人员对于是否将其纳入南方古猿阿法种仍有疑虑。

莱托利足迹

当"露西祖父"的大脚踏足埃塞俄比亚时，大约同一时期，其他古人类也在坦桑尼亚的莱托利将自己的脚印牢牢地留在了地面上。360万年前，该地附近的一座火山爆发，细小的火山灰如雨点般洒落到周围的村野。一场倾盆大雨又将部分地面成功地变成了湿水泥。许多物种包括长颈鹿、狒狒、犀牛，以及对我们人类历史来说十分重要的古人类，走过了这片湿漉漉的火山灰。当火山再次喷发时，熔岩覆盖了脚印，保护它们免受自然因素的影响，将脚印保存了数百万年。

1976年，科学家们在该地点偶然发现了动物的脚印。两年后，古生物学家玛丽·利基（Mary Leakey）挖掘出了古人类脚印的踪迹。这条足迹共有70个脚印，长27米，被认为是由至少两个个体并肩行走、一个个体跟在后面所留下的。从他们的间距和步态来看，他们以类似现代人类的方式直立向前移动：他们的脚后跟先着地，然后用脚趾蹬地并离开地面。而且，与猿类不同，他们所有的脚趾都指向前方。最重要的是，该发现为古人类双足直立行走确立了无可辩驳的时间点：360万年前，古人类就用两只脚在行走了。

40年后，坦桑尼亚和意大利研究人员在距原始足迹约150米处发现了更多脚印。和前面发现的脚印一样，这也是由两个个体朝同一方向行走留下的。

许多古科学家认为，这些脚印属于南方古猿阿法种，因为在莱托利只发现了该物种的化石。然而，同时代还存在其他古人类，因此其他物种的个体也可能走过雨后的火山灰。

第5章　非洲的古人类狂欢

从大约390万年前起，我们开始在非洲看到名副其实的古人类物种繁荣。这有可能是环境条件促进了不同物种的繁衍发展。也可能是有利于化石形成的环境，比如附近有活火山，从而使我们知道了更多的古人类。当然，还可能是因为现在有更多的古生物学家参与进来，在脚下的土地里寻找生命的历史。也许古人类物种一直存在很大的多样性，只是我们还没有发现他们。

不管出于什么原因，在过去的30年里，许多新的古人类化石被发现，新物种不断增加。虽然并不是所有人都赞同这些新物种的成立，但这类问题本就是古人类学中常见的争论。

1994年，古人类学家罗恩·克拉克（Ron Clarke）在南非查看一箱被标为"鹿类"的化石，结果发现了几块属于古人类的骨头，其中有些脚骨。该标本被命名为"小脚"。这些化石是从斯泰克方丹岩洞其中一个洞穴中炸出来的，克拉克派助手去搜索洞穴的一部分，并随身携带一块折断的胫骨，看看是否能找到它是从哪面墙上被炸断的。

他们在两天内找到了，然后开始了长达23年的努力，将"小脚"从岩石中解放出来并描述她。这个个体几乎是完整的，为我们提供了一个珍贵的机会去了解早期南方古猿的形态。"小脚"是一名成年女性，其腿骨已适应了两足直立行走，而其手臂保留了爬树的特点。

"小脚"生活在近370万年前，是南非最古老的古人类标本，比著名的南方古猿阿法种"露西"还要早近40万年。克拉克将她命名为普罗米修斯南方古猿（*Australopithecus prometheus*），这个名字与60多年前在马卡潘斯盖（Makapansgat）发现的头骨有关[1]。马卡潘斯盖是南非人类摇篮的一部分。然而，许多古人类学家并不认可普罗米修斯南方古猿的有效种地位，他们认为"小脚"只是南方古猿非洲种的一个类型。

1995年，研究人员宣布在北非中北部的乍得的科若托洛

---

[1] 1948 年在马卡潘斯盖发现的头骨最初被定为一个新种，即普罗米修斯南方古猿，但不久古人类学家们就弃用了这个名字，认为她只是南方古猿非洲种的一个不寻常的代表。克拉克重新启用了这个名字，认为"小脚"和其他一些相似特征的化石应该独立成种。——译者注

（Koro Toro）附近的加扎勒河（Bahr el Ghazal）地区发现了部分人类下颌，还包括几颗牙齿。（在阿拉伯语中，这条河的名字意味着"瞪羚之河"。）这一发现的特别之处在于，这是首次在东部和南非以外地区发现南方古猿化石。此后，又出土了一些下颌碎片和牙齿，这些化石的年代可追溯到约360万年前。

根据生活年代，许多古人类学家认为这些化石属于南方古猿阿法种，尽管它们距离这个物种大多数的化石发现地有约2500千米之远。发现这些化石的法国古生物学家米歇尔·布鲁内特（Michel Brunet）及其同事认为，这些化石的下颌存在差异，而且标本的牙釉质较薄，表明这不属于南方古猿阿法种。他们根据最初发现的地点，将其命名为羚羊河南方古猿（*Australopithecus bahrelghazali*）。

对其牙齿的分析表明，羚羊河南方古猿主要吃稀树草原食物，与当时的其他古人类不同。这不仅表明古人类有能力利用任何在当地充足的食物，还让我们得以一窥300万年前该地区的古环境。

肯尼亚平脸人

20世纪90年代末，英国古人类学家米芙·利基领导的研究小组在肯尼亚洛迈奎（Lomekwi）发现了一系列化石。其中有个标本很特别，是由研究助理贾斯特斯·埃鲁斯（Justus Erus）挖出来的一枚扭曲的头骨。这枚头骨本身解答的问题不多，但引出了诸多其他疑问。

该遗址的化石可追溯到350万至330万年前，大约与东非的南方古猿阿法种生活时代相同。但这个头盖骨虽然严重损坏，但看起来与其他南方古猿不同，反而与后来的人属物种有相似之处。化石的面部是扁平的——这是记录到的第一个有扁平脸的古人类的例子——颧骨很高，下巴没有那么向前突出，牙齿也较小。基于此，利基及其同事认为，尽管其大脑比较小，这一点与其他南方古猿相似，但这应该属于一个完全不同的属。（人属、地猿属和南方古猿属都是古人类的属名。）他们将其命名为肯尼亚平脸人（*Kenyanthropus platyops*），意思是"来自肯尼亚的扁平脸人"。

肯尼亚平脸人并不是在洛迈奎唯一重要的人类学发现。肯尼亚图尔卡纳湖以西的广阔地带岩石遍布，面积相当大。2011年，美国考古学家索尼娅·哈曼德（Sonia Harmand）在此地寻找肯尼亚平脸人的发掘遗址时，偶然发现了令人震惊的东西：石器。

研究人员报告称，这些石片的历史可追溯到330万年前，比之前发现的工具早了70万年。在这之前，最古老的石器是在埃塞俄比亚的戈纳发现的，可追溯至260万年前。从该遗址最近的发现来看，好像当时的人们在一个坚硬的表面上敲击石头，制造出一堆石片。

科学家们猜测，这些石器是肯尼亚平脸人使用的，因为他们是该地点发现的唯一古人类。但仅仅因为两者是在同一地点出土的，并不能证明就是肯尼亚平脸人制造甚至使用了这些工具。

一只脚、一些颌部以及更多物种

人类学家和考古学家常常不得不从非常有限的证据中推断出发现。"伯特勒脚"（Burtele foot）就是这种情况。2012年，约翰内斯·海尔-塞拉西及其同事宣布，发现了古人类右脚前部的8块骨头（而不是完整的26块骨头）。它们是在埃塞俄比亚沃伦索-

米勒（Woranso-Mille）古生物遗址的伯特勒区域发现的，该遗址的沉积物可追溯到大约340万年前。

虽然这种古人类与南方古猿阿法种生活在同一时代，但这只脚却与其有所不同：他的其他脚趾朝向相同的方向，但大脚趾是分开的（意味着大脚趾指向不同的方向）。这表明伯特勒这只脚的主人既能够像始祖地猿——大约100万年前就生活在同一地区——一样抓住树枝，也可以直立行走。这只脚留下的足迹与在坦桑尼亚莱托利发现的脚印将会非常不同，这表明古人类的双足直立行走方式可能不止一种。

埃塞俄比亚的沃伦索-米勒地区在接下来的几年里还出土了其他宝藏。2015年，海尔-塞拉西和其他研究人员宣布，发现了一个不完整的上颌和两个下颌碎片，还有一些牙齿。目前尚不清楚这些化石是否属于同一个体，但他们生活的年代都在350万到330万年前。发现者将这个物种命名为南方古猿近亲种（Australopithecus deyiremeda），其名字在阿法尔语中意为"近亲"。

南方古猿近亲种的颧骨比大多数南方古猿阿法种的标本都更

向前凸出。其牙齿更小，而且颊齿[1]以一定角度萌出，而非在嘴里垂直向上地长出。海尔-塞拉西及其同事认为，这些区别足以将南方古猿近亲种定义为一个新物种，但许多人对此分类表示怀疑，认为这可能属于南方古猿阿法种。

没有人能确定"伯特勒脚"是否属于南方古猿近亲种，在这个已经很神秘的学科里，它依旧是个谜。

最年轻的南方古猿

1999年，埃塞俄比亚古生物学家博哈尼·阿斯法（Berhane Asfaw）及其同事宣布，在埃塞俄比亚阿瓦什中部的波里（Bouri）发现了新的古人类。他们将其命名为南方古猿惊奇种（*Australopithecus garhi*），"garhi"在阿法尔语中意为"惊喜"，年代大约在250万年前，比东非大多数其他南方古猿要年轻得多。从许多方面来看，这一发现都令人惊讶。

化石的面部下部向前突出，脑容量较小（约450毫升），类

---

[1]　指前臼齿与臼齿。——译者注

似于南方古猿阿法种，还有明显且巨大的咀嚼牙。其头骨沿顶部中线还有一个小骨脊（称为矢状嵴）。强壮的肌肉将矢状嵴与下颌连接起来，从而提供强大的咬合及咀嚼能力。特别引人注目的是，化石的腿部比例与后来习惯直立行走的古人类相似，即大腿骨相对较长。但其手臂像猿，前臂比较长，手指弯曲，适合爬树。

然而，最大的惊喜来自和南方古猿惊奇种一起被发现的其他骨头。它们带有人为屠宰的痕迹：古代鹿的下巴上有三个明显的切割痕迹，胫骨被打碎以释放里面的骨髓，而古代马的大腿骨上有切片的刻痕。现场没有发现工具，但在当时，这些伤痕累累的骨头是人类进化史上古人类屠宰的第一个证据。古人类学家认为，南方古猿惊奇种是这些工具的使用者，但也可能是当时存在的另一个古人类物种——包括人属。然而，在阿斯法宣布这一消息10年后，科学家们将古人类屠宰猎物当晚餐的日期又向前推进了大约80万年。他们在埃塞俄比亚发现了距今340万年前的动物骨头，上面有使用石器进行屠宰的痕迹。

在阿斯法宣布这一发现近20年后，数千千米之外，出生于美国的南非古人类学家李·伯格（Lee Berger）和他的儿子马修正在南非的马拉帕遗址附近转悠。9岁的马修注意到一块古人类锁骨从一堆旧矿瓦砾中凸出来。随后的发掘出土了四具古人类个体，其中有一名成年女性和一名年轻男性的部分骨骼，两者被发现的距离极近，很可能是同时死亡的。伯杰将这种古人类命名为南方古猿源泉种（*Australopithecus sediba*），"sediba"在当地塞索托语中意为"源泉"或"喷泉"。

南方古猿源泉种同时具有早期人类和晚期人类的特征。他们的大脑与其他南方古猿的大小差不多，并且有着长长的适合爬树的手臂。然而，其下脊柱非常弯曲，表明他们已适应直立行走。源泉种的脚过度内旋（脚踝向内倾斜），他们的步态应该与其他南方古猿有很大不同。虽然他们的手指是弯曲的，但他们的拇指相当长，这意味着他们能够操纵物体，甚至可能是工具，尽管在现场没有发现任何工具。

这些化石的年代才200万年不到，发现者认为他们可能是南方古猿非洲种的后裔。其他古人类学家则认为，这些马拉帕的古人类可能属于南方古猿非洲种，尽管这将使该物种的存在时间范围延长大约50万年。

牙齿巨大的傍人

400万到200万年前的东部非洲和南非，似乎是南方古猿物种繁荣昌盛的阶段。不过，那里并非只有他们。

古人类的另一个属，傍人属，与南方古猿属——实际上也和人属——一起生活了许多许多年。傍人（*Paranthropus*）这个名字本身就意味着"与人类并肩"，但当然，对于他们是否应该像肯尼亚平脸人一样拥有自己的属，或者其实只是看起来长相比较奇特的南方古猿，都存在争议。有研究人员将其称为"粗壮型南方古猿"，因为相比之下他们的体格相当强壮。然而，大部分学者似乎认为他们应该单独成属。

傍人属的物种拥有非常大的咀嚼牙，事实上他们的牙是如此之大，以至于被称为"巨齿"（"有大牙齿"）。例如，鲍氏傍人（*Paranthropus boisei*）的最后一颗下臼齿比成年智人的智齿大很多倍。傍人的许多适应性变化都与其咀嚼能力有关。牙齿微磨损的研究表明，尽管他们的咀嚼能力很强，但食性相对广泛。一种假设是，当资源稀缺时，傍人能够"依靠"坚硬且需要咀嚼的食物过活，从而使他们能够渡过困难时期，也就是自然选择最强的时期。傍人还有一个明显的矢状嵴，是下颌肌肉的附着点，赋予了他们真正强大的咀嚼能力。相比之下，他们的门牙和犬齿相对较小。而南方古猿阿法种的咀嚼牙较小，门牙和犬齿较大。

傍人属个体很容易辨认：他们有着独特的高而宽的颧骨，和像斜翘起来的盘子一样的脸。第一个被发现的化石标本大约生活在260万年前，最新的标本则是在南非发现的，可追溯到100万至60万年前。

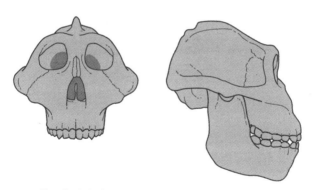

图7　傍人与南方古猿和人属物种一起生活在非洲。他们有着很大的臼齿，头顶上还有一个矢状嵴。

已知最古老的傍人是埃塞俄比亚傍人（*Paranthropus aethiopicus*），尽管他们经历了相当曲折的途径才被纳入该属。1967年，法国古生物学家卡米尔·阿拉姆伯格（Camille Arambourg）和伊夫·科庞（Yves Coppens）在埃塞俄比亚的奥莫山谷（Omo Valley）发现了一块无牙颌骨，并将该物种命名为埃塞俄比亚傍人。9年后，它被重新分类为南方古猿非洲种。但当研究人员在肯尼亚西图尔卡纳发现类似的头骨时，两者都重新被定为埃塞俄比亚傍人。此后又有一些化石被归入该物种。

最初的下颌骨是在260万年前的沉积层中被发现的，因此确定了该物种生活的时代，其中最年轻的化石也有230万年的历史。肯尼亚一个250万年前的头盖骨显示，埃塞俄比亚傍人拥有巨大的咀嚼牙齿和厚厚的牙釉质，以及令人印象深刻的矢状嵴。在英国古人类学家艾伦·沃克发现的肯尼亚标本中，脊线从头顶一直延伸到头骨底部。这个头骨被戏称为"黑头骨"，因为它在石化过程中吸收了镁，因此呈现出深灰黑色。

许多古人类学家都认可埃塞俄比亚傍人是一个有效物种。但也有些人说他们应该被归入另一个傍人类，还有些人则认为他们应该归属于南方古猿属。到目前为止，我们还没有发现任何其他属于埃塞俄比亚傍人的颅后骨架化石（除头骨外的其余骨骼部分），若有发现，便可以为该物种提供更多信息，并消除围绕这部分人类谱系所产生的分歧。

一个"强壮"的古人类

虽然傍人属包含了一些行走在非洲大地上的最年轻的早期古人类，但罗百氏傍人（又名粗壮傍人）是非洲大陆上发现的最古老的古人类之一。

1925年，雷蒙德·达特向世界介绍了南方古猿非洲种，而"汤恩幼儿"遭到了广泛的怀疑。直到许多年后，苏格兰裔南非古生物学家罗伯特·布鲁姆在斯泰克方丹发现了大量南方古猿个体的化石，达特的主张才渐渐被大家相信。布鲁姆将其中一个个体命名为德兰士瓦迩人（*Plesianthropus transvaalensis*），绰号为"普莱斯夫人"（Mrs. Ples），后来和"汤恩幼儿"一样都被归为南方古猿非洲种。

布鲁姆在1938年的发现进一步支持了达特的主张：一种定义了傍人属的古人类出现了。当地的一名小学生偶然在克罗姆德拉依（Kromdraai）洞穴（现在的"人类摇篮"地区）中发现了古人类下颌的一部分。这些化石碎片在到达布鲁姆之前经手过其他人，布鲁姆追查了碎片的来源，并在那里发现了更多的个体遗骸。

当时，布鲁姆注意到，这些化石比其他古人类的化石更加强壮（体格健壮），并将该物种命名为罗百氏傍人。随后在"摇篮"的其他地点又发现了更多个体，如斯瓦特克兰（Swartkrans）和斯泰克方丹（Sterkfontein），但在这个狭小的区域之外尚未发现该物种。标本不断出土，最近的一次发现是在2020年，位于摇篮地区的德里莫伦古洞穴系统（Drimolen Palaeocave System）。

罗百氏傍人生活220万至140万年前，这意味着他们可能与南方古猿源泉种和早期人属物种同时存在。和埃塞俄比亚傍人一样，罗百氏傍人也有着巨大的咀嚼牙，牙釉质很厚，前臼齿很大，已赶上臼齿的大小了（前臼齿是犬齿后面的牙齿），有一个突出的矢状嵴，可以进行有力的咀嚼，也有个像斜盘子一样的面部。对其牙齿的同位素分析表明，尽管其牙齿高度特化，但他们吃的是草原和林地食物的混合物。罗百氏傍人的脑容量虽然最初估计约为680毫升，但现在学界认为似乎其与南方古猿非洲种的脑容量差不多，在450毫升和530毫升之间。

尽管很"健壮"，罗百氏傍人的体型却相当小，而且可能表现出高度的两性异形。他们的体重范围从约24千克（和一只斑点狗的大小差不多）到45千克（一只相当胖的金毛寻回犬），男性身高可达约1.32米，女性可达1.1米。

在整个"摇篮"地区的化石遗址中，同时发现人属物种和罗百氏傍人的地方都出土了骨器，这对人类进化史来说非常重要。但在一处名为库珀D（Cooper's D）的发掘地点，古生物学家在此发现了工具，但这里只有傍人的遗迹，因此罗百氏傍人可能就是这些工具的使用者。

"胡桃钳人"

一个多世纪以来，古生物学家一直在坦桑尼亚的奥杜瓦伊峡谷进行发掘。峡谷的名字来源于马赛语"oldupai"，意为"野生剑麻之地"。东非野生剑麻（*Sansevieria ehrenbergii*，中文学名爱氏虎尾兰）是一种长有长矛状叶子的植物，遍布在48千米长的峡谷中。

1913年，德国古生物学家汉斯·瑞克（Hans Reck）在那里发现了一具古人类骨骼，后确定其约有1.7万年的历史，化石搜

人类起源简史：破译700万年人类进化的密码

寻二人组玛丽·利基和路易斯·利基（Louis Leakey）及其他研究人员又继续在那里挖掘了数十年。他们出土了几种已灭绝的哺乳动物和各种石器，包括手斧。这些工具被称为"奥杜韦"（Oldowan）技术，源自峡谷的名字"奥杜瓦伊"（Olduvai）。它是一套特定的工具制造传统，具有自身特征。在此期间，利基夫妇还发现了一块古人类头骨碎片和两颗散落的牙齿。

但直到1959年，玛丽才真正将奥杜瓦伊峡谷纳入人类进化地图。她发现一个头骨的一部分伸出地面，并将之编号为OH 5（即奥杜瓦伊5号古人类标本，Olduvai Hominid 5）。该标本的后牙如此之大，以至于他被昵称为"胡桃钳人"（Nutcracker Man），因为他的头骨和臼齿就像一个老式的胡桃夹子。路易斯将这种古人类命名为鲍氏东非人（*Zinjanthropus boisei*），其属名来源于中世纪穆斯林学者给东非起的名字（Zinj），"鲍氏"则是对他们的赞助者、采矿工程师查尔斯·鲍伊斯（Charles Boise）的致敬。路易斯认为，这个样本不属于当时已有的属，即傍人或南方古猿（他认为他们是同一个属）。

路易斯推测这个头骨大约有50万年的历史。但在1965年，地质学家对头骨覆盖的凝灰岩进行了钾-氩年代测定，这也是该项技术应用于古人类学的首秀。测定结果认为，这具头盖骨的年龄应是推测的3倍，即175万岁。

当时，他是东非已知最古老的古人类，与数千千米之外的罗百氏傍人属于同一时期。胡桃钳人被发现者及其同事亲切地称为"亲爱的男孩"，并最终被纳入傍人属，正式被定名为鲍氏傍人。

鲍氏傍人有一个很大的头部，还有着特别巨大的臼齿（即使按照傍人的标准）和明显的矢状嵴，这赋予了他强大的咀嚼能力。该物种的脑容量达到545毫升，比南方古猿的大脑还要大。事实上，这样的大小已经跨入人属的领域，一般人属物种的脑容量约在500毫升以上。相比之下，智人的大脑是傍人大脑的2.5倍。

随后，在坦桑尼亚、埃塞俄比亚、肯尼亚以及马拉维的马莱马（Malema）等许多地点都发现了鲍氏傍人的颅骨化石。但直到2013年，古人类学家才发现了属于鲍氏傍人的其余骨骼。在奥杜瓦伊峡谷，研究人员发现了个体OH 80，即奥杜瓦伊80号古人类标本的牙齿和臂骨。出土的骨骼化石表明，鲍氏傍人的其余部分骨骼与其头骨一样强壮。OH 80体重大约60千克，研究人员认为他是男性，并且比假定的女性鲍氏傍人遗骸要大得多。

OH 80的死亡时间大概在130万年前，是迄今为止我们发现的最年轻的鲍氏傍人个体。在马莱马，有一块鲍氏傍人的颌骨可追溯到230万年前，这意味着该物种至少存在了100万年，甚至可能更久。埃塞俄比亚傍人的历史更为古老，第一个标本可追溯到约260万年前。在这段漫长的时间跨度中，傍人可能与其他古人类，从南方古猿到人属物种，都同时代生活过。只是，我们还不知道为什么傍人与南方古猿都灭绝了，而人属物种却蓬勃发展起来。

第6章　修修补补的工具

制作和使用工具并不容易。工具是我们用来完成一些困难工作的要素，如果没有它们，有些工作甚至是不可能完成的。工具帮助我们操控我们的环境。作为人类，我们对技术的掌握程度无与伦比，因此我们常常认为这是理所当然的。但有些看起来简单的事情，像是拿起一支铅笔都需要特定的形态上的适应，更别说还要使用它。只有长长的对生拇指、宽宽的手指肚、灵活的手腕以及灵巧的肌肉共同作用，才能形成强大且精确的抓握力。这种精准的握力是数百万年进化的结果。不仅如此，无论是一支铅笔还是两块石头，我们都需要运用自己的认知能力来规划、制造和使用它：选择什么材料，如何使其达到一定的形状和特性以满足我们的目的，以及最终如何使用它。

多年来，科学家们一直认为，工具的使用及制造是人类的特征。我们认为只有人属物种才拥有足够的心智以及灵活的形态来操纵自身的环境以实现愿望。这一点是我们进化成功的基石。不过，现在我们知道，许多类人猿也能使用工具。例如，黑猩猩会将长棍插入白蚁丘来"钓"白蚁。最近的一项研究甚至发现，乌鸦能够制造复合工具：将三到四块不同部件组成棍子，来获取盒子里的食物。[17]

但对于那些研究古人类工具的人来说，最大的一个困难来自2016年在《自然》上发表的一篇论文的论述。[18]研究人员在报告中指出，巴西的野生卷尾猴将岩石相互砸碎以制造石片，这一过程称为"剥片"（knapping），这些猴子制造的石片与非洲古人类遗址发现的石片十分类似。

这给古人类学领域提出了一些难题：如果乌鸦、猴子和类人猿都能够制造工具，那么是什么让古人类的工具制作和使用独树一帜呢？主要区别似乎在于工具的用途，发现工具的环境以及工具是如何与我们的祖先一起进化的。例如，人们并没有看到猴子使用它们制作的石片，而在一些古人类遗址中，人们发现动物骨头上有肉被从骨头上切下来的痕迹。

尽管如此，古人类学家的研究仍在继续深入，探寻到底哪种古人类是第一个制造并使用工具来操纵环境的。

工具使用方面的建议

最古老的石器使用迹象来自埃塞俄比亚的迪基卡地区。2010年，古人类学家描述了340万年前动物骨头上留下的石器切割痕迹。一只牛科动物（包括牛和羚羊的科）幼崽的骨头上有平行的切割痕迹，其他骨头上有V形划痕或削刮的痕迹等。

那时，南方古猿阿法种肯定生活在该地区。事实上，10年前描述骨头切痕的团队成员之一，埃塞俄比亚古科学家阿莱姆塞吉德就是"迪基卡小孩"的发现者。这些痕迹发现表明，340万年前，有人用锋利的岩石从骨头上割下肉。参与发掘的研究人员认为这是南方古猿阿法种的杰作，但这尚无定论。此外，没有证据表明持有者制造了这些工具，而不是方便地捡到了一块锋利的岩石。尽管如此，这一行为还是展现出了其中包含的计划和远见。不过，有古人类学家质疑埃塞俄比亚的骨头上是古人类的切割痕迹。他们认为这些痕迹有可能是踩踏造成的，或是被困住动物的沉积物所划伤。

如果确实有人在迪基卡使用石头来屠宰动物尸体，那么这一距今340万年的发现将标志着石器时代的开始。在这个古人类和

人类的技术时期，石料被广泛用作工具材料，一直持续到6000至
4000年前，那时的社会越来越多地转向使用金属来制作工具。石
器时代分为三个时期：旧石器时代（Palaeolithic，包括石器的首
次发展）；中石器时代（Mesolithic，其时期因地区而异，但通常
表示狩猎采集者石器技术，这是智人的特征）；以及新石器时代
（Neolithic，当人们开始定居并进入农业社会时）。这些时期在
世界各地并非同时发生，因为它们是根据古人类当时使用的技术
类型来区分的。而且不同地区经常使用不同的术语，这使得本已
复杂的研究领域变得更加复杂。例如，在许多地区，科学家不再
使用"石器时代"一词，而是更喜欢用特定的地质时期来指代。

第一个工具

2011年，美国考古学家索尼娅·哈曼德偶然有了一个惊人的
发现。她正在肯尼亚洛迈奎的浅褐色岩石山上搜寻，寻找发现肯
尼亚平脸人的地点，但走错了方向。她找到的不是一个已有20年
历史的发掘地点，而是已知最古老的石器，即后来被命名为洛梅
克维技术（Lomekwian technology）的遗址。各种石器技术有其

独特的"风格"和特点，并以其最初发现的地点命名。

洛迈奎遗址出土了近150件文物，其历史可追溯到约330万年前。这些工具包括石核（通过"剥片"打下石片的石头）、石片、可能的石砧和石锤（用作锤子的石头）。石核记录了通过"剥片"从最初的岩石上打下石片的方式和顺序。现场的石片尺寸为2—20.5厘米。哈曼德及其同事认为，它们是被特意制造的，甚至在石核上有误击的痕迹。研究人员认为，敲击者的技能水平与类人猿不同，因为每件物品都有其特定的用处。

2016年野生卷尾猴的研究结果出来时，哈曼德表示，这些猴子制作的物件在东非的几个石器遗址上看起来并不会显得格格不入，但洛梅克维工具在很多方面都有所不同：它们比卷尾猴制造的那些石片更大，而且这些岩石由玄武岩和响岩组成，比猴子使用的岩石更难被打碎。

谁制造和使用了这些工具是另一个谜。哈曼德在距离肯尼亚平脸人发现地点非常近的地方发现了这些工具。根据我们现有的了解，肯尼亚平脸人是当时该地区唯一的古人类物种，但如果在洛迈奎或附近发现新的化石，这种情况有可能会被改变。

早期技术

多年来，坦桑尼亚的奥杜瓦伊峡谷出土的古人类化石非常少。它主要以其非凡的石器收藏而闻名。20世纪30年代，路易斯·利基在该地点发现了许多工具，他的妻子玛丽则创建了第一个工具分类系统，尽管许多人不同意她的分类。

这些工具非常基础，通常被称为"砾石工具"（pebble tools）。它们的创造者收集了河里的石头，然后用另一块石头从上面打下石片。有时，石片被用作工具；有时，卵石的锋利边缘成为工具。玛丽根据用途将这些工具分为不同类型，例如重型和轻型，包括刮削器（scrapers）和砍砸器（choppers）。这是后来的古人类学家认为她的分类最大的问题之一：因为我们无法确定这些器物的用途，以及制造它们的人是否同时也是使用它们的人。另有研究者建议，可以根据工具的特性来称呼这些工具，例如"打制修理类"（flaked pieces）和"打击类"（pounded pieces）。这些名称更具描述性，但绝对不那么令人兴奋。

出土的工具也显示出不同程度的复杂性。奥杜瓦伊峡谷有多个地层，最古老的地层包含最原始的工具，而较新的地层则产出更复杂的器物。在2021年的一项研究中，研究人员报告了地层中存在约200万年前的工具。[19]

棍棒、石头和骨头

在对早期人类技术的研究中，有一个重要的限制性条款：我们知道石器，是因为石头可以完好无损地保存数百万年。但古人类可能使用了其他材料制成的工具，例如木头或骨头，但这些工具未能在时间长河中幸存下来。我们的祖先很可能拥有我们不知道的其他形式的初级技术，只是它们已经消失了。例如，大多数黑猩猩的工具都是由有机材料制成的，无法经受时间的侵蚀。已知最古老的木制工具是100多年前在英国发现的克拉克顿矛（Clacton Spear），距今约有40万年的历史。

但是，有些更古老的遗址也发现了奥杜韦工具。埃塞俄比亚戈纳的一处地层中发现了260万年前的工具；而在《科学》杂志2023年发表的一篇论文中，[20]古人类学家描述了在肯尼亚的尼亚扬加一处300万至260万年前的遗址，其中发现了使用石头剥片及敲击技术的遗存，以及两颗傍人的牙齿和一只被屠宰的河马，表明有人正在使用技术来加工他们的食物。

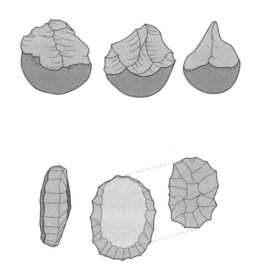

图8 双面砍砸器（上图）是奥杜韦技术的一个例子，通过从石头上敲下碎片使其变得锋利。勒瓦娄哇技术（下图）在考古记录中出现的时间要晚很多。该技术用一块较小的石头从石核上敲下碎片（剥片），预先在石核上制作出想要的石片形状后，最后只需一击就能将石片从石核上分离出来。

此后，奥杜韦工具在世界各地被发现，包括东非的其他地

方、南非、欧亚大陆，甚至远至中国。当人属物种走出非洲时，
也带走了其工具制造方法，奥杜韦技术在欧洲许多早期人类遗址
中都有发现。

工具的变化使研究人员开始区分"经典奥杜韦技术"和"高
级奥杜韦"技术，尽管后者与其他技术系统有所重叠，例如被认
为是从奥杜韦演变而来的阿舍利工具（Acheulean tool）。事实
上，所有主要的工具制造技术都倾向于有重叠的部分，因为古人
类保留了对其有用的旧技术，同时进行了创新。

为了减少混乱，一些人类学家将石器制造分为不同的"模
式"。前模式1指的是早期可能的工具，如在洛迈奎发现的工具，
模式1代表奥杜韦工具，模式2则表示阿舍利工具。还有更多"更
高等"的模式，反映了古人类及其石器技术的不断精进。

谁使用了这些工具

谁使用了哪种工具是古人类学的重大谜团之一。这些具有
330万年历史的洛迈奎工具是在肯尼亚平脸人出土地点附近发现
的，他们当时就生活在附近。奥杜瓦伊峡谷出产了大量石器，同

人类起源简史：破译700万年人类进化的密码

样位于坦桑尼亚的遗址还发现了鲍氏傍人和后来的能人。

与此同时，在埃塞俄比亚中部阿瓦什地区的波里，250万年前的南方古猿惊奇种和一些骨头一起被发现，这些骨头上带有明显的蓄意屠宰痕迹，但在遗址中没有发现任何工具。

如果没有时间机器，我们就无法肯定地将一个物种与工具制造及其使用联系起来。但有时，科学家们可以判断某种古人类是否能够使用工具。科学家们曾经认为，工具制造是人属物种特有的领域，原因之一是他们的大脑相对较大。然而，在过去的几十年里，石器的年龄已大大向前推进，使得更早些时候的古人类（如早期南方古猿）也成了工具的可能使用者。

要使用这些工具，他们必须拥有足够的手部力量及灵活性才能对其操纵自如。例如，像握板球一样握住岩石，将其放在手掌中并用手指将其固定到位，需要特定的适应性结构和肌肉的使用。另外，还需要单手在拇指和其他指头之间移动石头，并精准地紧握住石头。不幸的是，化石记录中古人类的手部化石很少，但尽管如此，科学家们还是发现了一些南方古猿和傍人物种可能可以抓住工具的证据。

第
三
篇
章

人属的出现

第7章　到底什么是人

人类这一支是怎样从早期古人类进化到更为发达且更"像人"的人属物种的呢？我们对此并不清楚。学界猜测人属是从南方古猿进化而来，但并不确定具体是从哪个特定的物种进化的。事实上，也许连那个最终进化为第一个人属的物种，我们都还没有发现。我们发现的大部分物种最终都走到了进化的死胡同：它们生存，然后死亡，没有进化成任何其他东西。

从大约200万年前起，化石记录开始变得丰富起来，各种标本、变异及不同的地理发现位置层出不穷，甚至根据有些人的说法，物种也很丰富。比起之前的200万年，我们拥有的近200万年来的古人类化石可谓名副其实的聚宝盆。也许你会认为越来越多的标本足以平息古人类学界激烈的争论，但事实并非如此。即便有更多的证据出现，对于这方面的研究依然存在空白之处，需要学者们用理论、猜想以及各种各样不同的观点去填补。

舞蹈的起源

与其他哺乳动物不同，人属物种习惯用两条腿走路，其中有些还善于长距离行走。长距离步行会形成一种重复且有节奏的步态。有研究人员[21]相信这便是人类本能地会对节奏和音乐有感觉的原因，当胎儿还在子宫里随着怀孕的母亲长途跋涉时，这种感觉就已形成了。当人们并排行走时，也会倾向于同步彼此的脚步，就像是跟着某个节拍在走一样。有学者认为，从同步的脚步声到音乐的出现不过一步之遥。

1758年，卡尔·林奈提出了人属，不过里面只有一个物种：我们，即智人。"Homo"在拉丁语中是"人类"或"人"的意思，这在林奈看来是不言自明的：他没有想到这个属在未来会包含更多的物种，因此并没有进一步去定义它。直到19世纪，尼安德特人（*Homo neanderthalensis*）和直立人的发现以及被承认，才让这个属有了更多的成员。1895年，德国博物学家恩斯特·海克尔（Ernst Haeckel）非常不客气地建议将尼安德特人称为"愚人"。

和之前的南方古猿一样，人属也未得到很好的定义。人类谱系上并没有一条明确的界线来区分人属物种和更古老的生物。曾经，科学家们混合行为及身体特征来定义该属的成员——习惯双足直立行走，有较大的大脑，能制造工具。不过，就如我们在前几章看到的那样，新的发现不断地在把人类直立行走和使用石器工具的时间往前推。人属物种往往有着更长的四肢，因此更适应连续行走。但从莱托利发现的那组脚印来看，脚印可能的主人——南方古猿阿法种已经能够舒适地走上一段距离了。

脑容量的大小也是确立人属地位的一个复杂标志。距今约700万年前的乍得沙赫人可能是最早的古人类，其脑容量约为370毫升，与现代黑猩猩的脑容量相似，相当于一罐可口可乐的容积。智人的大脑几乎是它的4倍大（平均脑容量为1350毫升，也就是刚刚超过我们体重的2%）。可是，其中的进化过程并不连贯。大约200万年前，当我们的古人类远祖从黑猩猩中分离出来后不久，其大脑已经得到了显著的发展，不过它们依然很小。随后出现的南方古猿和傍人的脑容量在400到500毫升之间。其中鲍氏傍人尤为突出，他们的脑容量已能达到545毫升。早期人属物种如能人也有着相对较小的大脑，其容积从500毫升到800毫升不等。但到了直立人出现时，其大脑明显变大，已经接近于我们现代人类的水平。

有关人属的定义引出了古人类学界一个更大的哲学争论：何为物种？部分科学家认为，人属中有着许多物种，每个物种都有着自己独特的形态特征。而另一派的科学家却持有截然不同的观点。他们认为人属实际上只有两个物种：直立人和我们智人。根据他们的说法，尼安德特人与我们一样都是智人，只不过长相有些奇特而已。

在2021年的一项研究中，科学家们将猿类和古人类的脑容量及体重的形态、分子和地理年代数据汇总到一起，以确定人属可能出现的时间点。[22]其数据分析认为，人属出现在距今430万到256万年前，与南方古猿的出现时间相重叠。但就如古人类学通常会出现的情况一样，其他学者对该分析所用的年代及数据提出了疑问，并指出古人类化石记录中的空白有可能会使该模型产生偏差。不过，尽管存在这些方法上的缺陷，评论家们还是大体同意了其提出的人属起源时间。

但新的发现持续重塑着我们对于人属的理解：人属是什么？它是从哪里出现，又是如何发展的？2015年，古人类学家描述了他们在埃塞俄比亚的发现，他们在阿法尔州的雷迪-吉拉尔鲁研究区（Ledi-Geraru）发现了古人类下颌骨的一部分，[23]并确定其年代大约为280万年前，这比能人还早了大约40万年。这些古人类学家认为，该标本既有着更古老的南方古猿特征，又具备后来人类的特点，故有可能是人属的起源。

何为一个物种

在卡尔·林奈将地球上的生命划分为不同单位并加以命名的那个年代，科学家们依据生物的长相，将长相相似的生物归类到一起。而分子进化的出现意味着研究人员可以根据生物的DNA来判定其属于哪个群体。可即便有了更加复杂精巧的工具，对于怎样算是一个物种这一问题，仍没有统一的答案。

事实上，关于物种的定义，光已公布发表的概念起码有26种之多。生物学教科书上对此定义是：物种是一个生物群体单位，该群体内的雄性与雌性能够交配繁殖且子代可育。按照这种说法，来自不同物种的两种生物无法杂交，但实际情况往往并非如此。

比如，同一物种的两个群体彼此隔离了很长一段时间，彼此在形态和基因上都进化到非常不同，被认为是两个不同物种，可一旦它们相遇，它们仍有可能繁殖出后代。

举个例子，距今200万到150万年前，黑猩猩和倭黑猩猩有着共同的祖先，那时的刚果河还未成为两个类人猿种群的天然物理边界。[24]2016年的一项类人猿基因组分析指出，在50万年前和20万年前它们有过两次杂交时期，这表明两种截然不同的类人猿也能够成功繁殖。

看看人类谱系，我们现在知道，今天的某些现代智人有着尼安德特人和丹尼索瓦人的DNA，这也再次向我们提出了有关物种定义标准的问题。

是地理景观的变化导致人属出现的吗？

稀树草原假说（savannah hypothesis）在学界沉浮多年，时而流行，时而又被抛弃。该理论认为，是栖息地从林地或森林到草原的变化，有效地推动了人类走出树林，开始用双脚行走。不过，有个主要的难题横亘在前，即对古稀树草原的定义：它是一片点缀着稀疏树木的开阔草原呢？还是一幅草地与树林的马赛克拼图？

多年来，许多科学家一直致力于根据化石及土壤中的碳同位素、史前湖底的古代花粉和果核来重建古环境。当科学家们在东非发现的化石物种，例如始祖地猿以及南边的南方古猿非洲种更偏好多树木的栖息地时，稀树草原假说的受欢迎程度明显下降。但是并没有消失。

到了2017年，研究人员收集了埃塞俄比亚阿法尔地区以及肯尼亚图尔卡纳盆地的碳同位素数据。[25]他们分析了动物的牙釉质、含有植物种类线索的古土壤以及动物化石。分析显示，在埃塞俄比亚的雷迪-吉拉尔鲁研究区发现的几乎所有动物都食草为生，这表明那里曾存在大片的草原。雷迪-吉拉尔鲁地区有可能是280万年前出现的最古老人类的家园。距此地约30千米外的哈达尔便是南方古猿阿法种"露西"的发现地。这种草原环境在埃塞俄比亚的扩张比肯尼亚的图尔卡纳盆地早了近50万年。尽管古人类与南方古猿有着相似的食性，但研究人员已将草地的扩张与人属兴起及南方古猿的灭绝联系起来。当然，该项研究的作者也承认，若要证明这一联系还需要更多的研究。幸运的是，世界各地有很多古气候学家正试图回答这些问题：数百万年前的环境是什么样子？这对人类的进化有何影响？

能人

1959年，肯尼亚考古发掘专家赫塞隆·穆奇里（Heselon Mukiri）在坦桑尼亚的奥杜瓦伊峡谷发现了一枚古人类牙齿。不难理解，由于在同一次考察中玛丽·利基发现了鲍氏傍人化石，相比之下这枚牙齿的发现显得无足轻重。但在次年，利基的儿子乔纳森又发现了部分头骨及手足骨头化石。这些化石的年代可追溯至距今约175万年前，尽管与鲍氏傍人基本处于同一时期，但他们与长着巨大牙齿的强壮鲍氏傍人有着明显的不同。随后研究人员又发现了更多的样本。

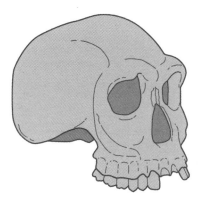

图9　在非洲好几个地点都发现了能人的遗骸，将人类进化故事与这块
大陆紧密联系起来。不过，科学家们就其是否应被归于人属还有争议。

　　1964年，利基与其同事将这些化石归为人属，并给它们起名
为"能人"，意即"能干的"或"聪明善思的"。因为这些遗
骸的周围散落着工具，利基他们认为这是一个能够使用工具甚
至可能会制造工具的物种。尽管大脑容量相对较小，仅有600毫
升，但该物种符合当时（20世纪60年代）盛行的对人属的定义标
准——直立的姿态，用双足行走，有制造工具的能力。在能人被
发现之前，最古老的人属物种是直立人。利基与部分学者认为，
要将一个物种归为人属，除了要符合人属的基本特征之外，该物
种还需要有大于600毫升的脑容量，一个光滑的头骨，没有南方

古猿头骨那样的冠状突起（矢状嵴）。

就像40年前雷蒙德·达特发现"汤恩幼儿"一样，利基团队的声明也遭到了质疑。现在回想起来未免觉得天真，但那时人们对于人类进化时间线的认识十分简单：南方古猿是人类谱系的基础；他们被直立人（当时只在亚洲发现了直立人标本）所取代；直立人迁徙至欧洲发展成为尼安德特人，并最终进化为智人。能人的发现将整个人类叙事及最早人类的出现聚焦到了非洲。随着越来越多的标本在非洲被发现，科学家们开始对某些人种起源于非洲的说法产生兴趣，这比后来的"走出非洲"假说，即人类起源于非洲的说法要早了许多年。

随后，肯尼亚、埃塞俄比亚和南非出土了更多的能人标本，其年代从240万年前到160万年前不等。但能人的归属仍然存在争议。能人有着许多南方古猿的特征，这使得许多过去以及当代的科学家都认为能人应该归于南方古猿。另一方面，由于在发现的不同标本中存在相当多的差异，一些古人类学家认为能人实际上应该被分为不同的亚种以体现其多样性。

我们并不知道能人在人类谱系中到底处于哪个位置，他们到底是起源于南非的南方古猿非洲种或源泉种，还是来自东非的南方古猿阿法种或惊奇种，抑或他们起源于一个至今仍未知的物种？此外，我们也不知道能人随后发生了什么。能人一度被认为是南方古猿和直立人之间的中间物种，但现在看起来他们更像是走向了灭绝。

20世纪70年代早期，肯尼亚的图尔卡纳湖地区（当时称为鲁道夫湖）发现了许多早期人类化石，但我们仍不确定其在人类进化叙事中的位置，甚至不确定这些化石应该归属哪个物种。

1972年，包括卡莫亚·基穆在内的化石猎人们在肯尼亚图尔卡纳湖发现了一个古人类物种，包括一个近乎完整的头骨以及一些大腿骨。古人类学家理查德·利基描述了这些发现，并将其年代最终确认为约200万年前。一开始该物种被归为能人，但其他学者认为该物种应归为南方古猿。

10多年过后，由于其有着将近750毫升的较大脑容量，该物种以附近的湖泊而得名鲁道夫猿人（*Pithecanthropus rudolfensis*）。随后，该物种又被移至人属，成为鲁道夫人（*H. rudolfensis*）。此后，在肯尼亚、埃塞俄比亚和马拉维等地区也发现了其他标本，时间跨度约为距今250万至150万年之间。可即使到了今天，古人类学家们仍然就鲁道夫人的归属争论不休，关于鲁道夫人是否是个独立的物种，还是应该合并到能人或直立人里，甚至有人建议干脆将其完全划归至南方古猿群体中，尽管鲁道夫人的脑子更大，牙齿也有了厚厚的牙釉质。

爱上吃肉

人属与早期古人类的区别在于脑容量的剧增以及牙齿的缩小。当190万年前直立人开始出现时，有些标本中直立人的大脑比之能人已大了一倍，牙齿也明显小了许多。

有种假设认为，通过工具的使用，人类能够更顺利地将食物切成更小的块，无论是肉还是根茎类蔬菜都变得更易食用。这扩大了古人类的食物范围。（人类初次驾驭火的时间是有争议的。乐观的估计是150万年前，但确凿的证据约78万年前才出现。）而且肉类比植物含有更多的营养和能量，这是为巨大的大脑供能所必需的。

在一项有点令人感到不适的实验研究里，参与者被要求吃生肉和蔬菜。[26]事实证明，大块的生羊肉及蔬菜极难被嚼成小块，但将其切成小块或捣碎它是相对容易吃进去的办法。

由于能人与工具相关，一些学者推断该物种是吃肉的。又因为能人及其工具与鲍氏傍人同处于一个区域，即使没有证据证明，但学界还是流传着一个恐怖的说法，认为奥杜瓦伊峡谷的能人实际上可能会吃鲍氏傍人。

亚洲"缺失的一环"

1887年，荷兰科学家尤金·杜布瓦为了找到猿和人之间"缺失的那一环"而加入荷兰军队。这在当时是一个相当奇怪的关注点。他是受了德国博物学家（及优生学家）恩斯特·海克尔思想的影响（正是这个人建议将尼安德特人命名为"愚人"），海克尔不同意达尔文关于人类谱系最有可能是从非洲猿类分化出来的观点，认为红毛猩猩这唯一的非非洲猿类才是人类远古祖先的最佳人选。

人类起源简史：破译700万年人类进化的密码

　　杜布瓦满脑子揣着海克尔的理论和红毛猩猩的形象，被派到荷属东印度群岛（今天的印度尼西亚）做外科医生，开始寻找"缺失的一环"。令人惊讶的是，还真被他"找到"了。

　　1891年，杜布瓦在爪哇岛发现古人类化石，其中有一个头盖骨；接着第二年，他又在距最初标本发掘点15米的地方找到了一根长长的大腿骨，认为这与原始标本属于同一个人。起初，他称其为"人猿"（Anthropopithecus），但在1894年改称其为直立猿人（*Pithecanthropus erectus*）或是爪哇人。

　　爪哇人身高刚刚超过1.73米，其大腿骨表明他可以直立行走。他有着明显的眉脊（比现代人要厚），鼻骨略微突出，脑容量相对较小，约为900毫升（虽小于人类的大脑，但比起南方古猿要大得多）。

　　杜布瓦的发现引发了极大的争议。他坚持认定这就是猿和人之间缺失的那一环，而其他人则认为这是一种直立的猿类，一种古人类，或是人类谱系中已灭绝的一个分支。

　　该发现的年代测定也一直是争论的主题。起初，根据同时被发现的动物化石群，头盖骨的年代被定为约70万年前。到了20世纪80年代，这个数字被修正为距今90万到100万年之间。然而，

2014年有研究人员将在该遗址采集到的人类收集的贝壳化石年代定为距今50万到40万年前，这表明直立人可能在更晚些时候才出现在该区域。[27]

最终这个物种被划归进人属，定名为直立人，这是人类演化史上一个关键物种，爪哇人则是"模式标本"。"模式标本"也被称为"正模标本"，是科学家对一个物种进行描述的唯一参照个体。在爪哇岛还发现了其他的标本，其中有些年代可追溯到约160万年以前。科学家们认为，至少在25万年前就有直立人在爪哇岛上生活了。

中国的古人类繁荣

杜布瓦的发现过去30年后，科学家们开始在中国北京（当时称为北平）周口店的洞穴系统中发掘出古人类遗骸：1921年，发现一颗牙齿；1927年，发现另一颗牙齿；随后的1929年，一个完整的头盖骨出现了。自那以后，该遗址共发现了约45具古人类遗骸，一些动物化石以及石器。第一个古人类被命名为"北京人"，科学家们认为他是人类的直系祖先。

消失的中国化石

　　1941年，为了保护文物不受日本侵华战争的影响，科学家们将大部分古人类化石（至少40个个体）藏于木箱中，准备最终运往位于纽约的美国自然历史博物馆。然而，这批化石从未抵达目的地，且至今下落不明。一些人指责美国偷走了它们，另一些人则认为是船沉了，甚至有人认为它们已被磨得粉碎入药了。2012年，南非裔古人类学家李·伯格根据线报称，这批化石文物有可能仍被埋在中国，只是现在那里被停车场覆盖着。由于这片区域还未被发掘，因此化石的下落仍然未知。幸运的是，人类学家弗兰茨·魏敦瑞（Franz Weidenreich）曾经复制过这批化石，我们能对其有诸多了解都要感谢他。

　　这些中国古人类被命名为"北京猿人"（*Sinanthropus pekinensis*）。和现代人类一样，他们直立站立，四肢长度相似，但脑容量较小（平均只有1000多毫升，而现代人类的脑容量为

1350毫升）。他们的眉骨十分突出，颧骨又尖又宽。不过，他们的生活时代一直非常不确定。在数十万年间，北京猿人似乎在周口店的山洞里定居过数次，其化石时间从距今78万年到23万年前不等。发掘者还在现场发现了许多石器，但没有发现其他直立人用过的那种复杂手斧。

1928年至1937年间，在中国各地共发现了14个古人类的部分头骨，产生了蓝田人（*S. lantianensis*）、南京人（*S. nankinensis*）和元谋人（*S. yuanmouensis*）等物种。

1950年，由于爪哇人与北京人之间的相似性，科学家们将其归为一个物种：直立人。随着学者描述的标本越来越多，直立人又被分为两个亚种，以表明差异。所以今天，爪哇人即第一个直立人被定为指名亚种（*H. erectus erectus*），北京人则被称为北京直立人（*H. erectus pekinensis*）。在亚洲发现的更多的直立人标本，进一步证明了人类起源于亚洲的观点。

第8章　主宰世界的物种

在20世纪的大部分时间里，亚洲都被看作是人类的发源地。虽然在非洲也发现了许多古人类化石，但这些化石与现代人类几乎没有相似之处。欧洲的尼安德特人和亚洲的直立人看起来更像是我们的祖先，而非洲的南方古猿更接近猿而非人类。到了20世纪70年代中期，东非的一系列发现让这种说法开始改变，不过人类起源于非洲的观点还是花了很多年才得到广泛的关注。

1960年，路易斯·利基在肯尼亚的奥杜瓦伊峡谷发现了一个头盖骨。这是一个相对大型的遗址现场，他的团队就曾在这个遗址的不同地点发现了鲍氏傍人和能人标本。此次出土的头盖骨脑容量特别大，有1067毫升，而且有着明显的眉脊（即使是对于直立人这个以醒目的眉毛而闻名的物种而言）。科学家测定该标本约有140万年的历史，著名的南非古人类学家菲利普·托比亚斯（Phillip Tobias）认为他属于直立人。

库比佛拉的丰饶

在肯尼亚图尔卡纳湖东岸的一处沉积岩山脊上，有着非洲大陆上一些最重要的古人类发现。库比佛拉有着干旱的地貌，占地1800平方千米（700平方英里），现在已是国家公园的一部分。其沉积物形成于距今400万年到100万年前，在它的岩层中保存着人类进化的重要证据。从库比佛拉（Koobi Fora）的沉积物中出土了能人、鲁道夫人、直立人、鲍氏傍人、埃塞俄比亚傍人、南方古猿湖畔种及肯尼亚平脸人等多个古人类物种。公园大门入口处竖有一个大牌子，欢迎游客来到"人类的摇篮"。对于这个头衔，南非也在争夺之中。

2007年，研究人员在那里一处150万年前的岩石中发现了古人类脚印。凹陷的脚印表明，这些被认为是直立人的个体与现代人的走路方式是一样的：大步走，脚跟先着地，然后用脚趾蹬离地面。2008年又发现了更多的脚印。

人类起源简史：破译700万年人类进化的密码

不过，直到20世纪70年代中期，非洲直立人的说法才真正成立。在此期间，利基和英国出生的古人类学家艾伦·沃克（Alan Walker）在肯尼亚一个名为库比佛拉的地方发现了许多古人类标本。尤其值得注意的是，他们发现了一块颌骨及两具不完整头骨，认为这些属于直立人。

1975年，在重新检查了来自库比佛拉的下颌骨化石之后，科学家们为这些标本取了个新名字：匠人。名字来源于希腊语，意为"工人"，因为化石附近有石器。此后在肯尼亚、埃塞俄比亚、坦桑尼亚和南非又发现了大量标本，他们生活在190万年到150万年前之间。

但在1984年，卡莫亚·基穆在湖的西岸有了惊天发现：一具几近完整的年轻匠人骨架，估计年龄在7到11岁之间。他被称为"图尔卡纳男孩"或"纳里奥科托米男孩"（Nariokotome Boy）；纳里奥科托米是发现他的地方。男孩死于160万年到150万年前。身高约1.6米，成年后可能高达1.85米。

比起能人和鲁道夫人，匠人更像是后来的人类。与早期的古人类物种不同，匠人的身体比例与我们类似，有着直立行走的长腿和较短的手臂。不过，其脑容量却有很大的差异：有的标本脑容量只有508毫升（比鲍氏傍人的545毫升还小），而另一些则有约900毫升。

匠人的形态与更早期的古人类有着明显的差异，其牙齿尤为引人注意。匠人的臼齿、前臼齿和下颚比我们在更早的古人类中看到的要小得多，这使得科学家们推断，要么匠人的饮食与其祖先及亲戚的饮食有很大不同，要么就是他们准备食物的方式不同了。

另一个关于直立人和匠人的重要特征可能是他们的体温调节能力。这一点在学界存在着许多争论。但长距离的步行或跑步是非常消耗能量以及会让人口渴的事。较大的体型意味着可以坚持更长的时间才脱水，但他们仍然需要发展出使身体降温的机制。

大多数哺乳动物依靠喘气来降温，但现代人类和少数其他物种一样，身上几乎没有毛发，能够通过出汗来调节体温。

有种理论认为，大约在不到200万年前的直立人和匠人时代，人类褪去了身上的皮毛（皮毛在烈日下就像是披着一块毛茸茸的毯子一样），生出更多的汗腺。然而，对于人类身体向无毛进化还有着其他理论：毛发少意味着潜伏在皮毛里的寄生虫更少，因此配偶可能会更健康；没有绒毛的脸和身体更有助于增进交流；

又或许是我们开始游泳，因此褪掉了那些会让我们长时间又冷又湿的毛发。

不出所料，许多科学家并不认为匠人应被划为一个单独的物种，他们更喜欢称其为"非洲直立人"。考虑到其样貌，有人说匠人才是第一个人属物种，而非能人。有些人把在亚洲发现的直立人化石称为"狭义直立人"（即最狭义或最严格意义上的直立人），而其他可能来自亚洲以外的直立人则被称为"广义直立人"（松散或宽泛定义的）。

如果将世界各地的标本放到一起看，直立人之间有着相当多的差异。不过对于一个从距今190万年一直存活到10万年前，且生活在无数不同的环境及气候下的物种来说，这是意料之中的事。在北非、东非和南非，以及欧洲、格鲁吉亚、印度尼西亚和中国都发现了直立人。

我们还知道直立人与其他几个古人类物种有过共存。在大约190万年前的非洲东部，他们有可能与鲁道夫人、能人和鲍氏傍人共存过，虽然我们并不知道他们之间是否产生过实际的互动。在直立人存在的最后时期，智人、尼安德特人、丹尼索瓦人和弗洛勒斯人等也同时存在，尽管他们不一定生活在同一地方。

一种控制世界的技术

大约在直立人（或匠人）出现在非洲的时候，考古记录中出现了一种新的石器技术。阿舍利工具，又称"模式2"技术，明显比奥杜韦文化，也就是在坦桑尼亚奥杜瓦伊峡谷及非洲其他地方发现的砾石工具都要先进。阿舍利工具以1859年首次发现它们的法国圣阿舍利遗址命名，具有独特的扁平梨形（称为双面），可用于制作手斧等工具。事实上，手斧正是阿舍利技术的精髓。最古老的样本可追溯到约170万年前，在那之后便常常与奥杜韦文化的文物一起被发现。非洲和欧洲的古人类使用此技术已有超百万年的历史，在此期间，这种技术几乎没有任何变化。

要制造阿舍利工具，首先必须找到一块适合的岩石即"岩芯"，然后用另一块石头将其敲开剥落，以形成一个扁平的泪滴形，用以屠宰或砍木头。不过，到底制造者用它来干什么就是个猜测极为广泛的问题了。

阿舍利技术的出现有两个重要的意义：首先，这代表着古人类的认知能力在逐步进化，并已经能够创造出这样的工具（尽管并非所有人都同意制造石器工具是认知能力的直接代表）；其次，它的运用也拓展了使用者的能力范围，他们可以用工具做更多事情。

已知最古老的阿舍利技术遗址位于坦桑尼亚、肯尼亚及埃塞俄比亚，但在世界各地都发现了这种工具的遗迹，表明这些技术知识随着人属物种一起走出了非洲。

很难说到底是哪一支古人类最早发展出了阿舍利技术，但在考古记录中，阿舍利技术的出现时间的确与匠人及直立人的时代重叠，因此我们假设他们就是工具制造者。这些工具使得他们能够四处迁徙，适应环境并壮大族群，这是他们的祖先和古老的表亲都无法做到的。

手斧工坊

在肯尼亚南部奥罗格赛利尘土飞扬的草原上，研究人员发现了数百把手斧。该遗址出土了许多手斧，以至于被称为"手斧工坊"，尽管并没有证据能证明这里曾经真是一个工厂或加工工具的地方。科学家认为人类从大约120

万年前起就在此生活了。虽然该遗址有着丰富的石器及动物化石，但第一个古人类化石——头骨的一部分——直到2003年才被发现。该头骨的年代约为97万到90万年前，被认定为直立人化石。

奥罗格赛利是非洲最古老的遗址之一。2020年，科学家们在此地附近的沉积物中钻取了一个139米长的岩芯。该岩芯为直径4厘米的圆柱体，包含了大量地层，可提供约100万年来的环境历史信息。

在岩芯测年里，科学家们会从地下取出一段长圆柱状的泥土。这段圆柱形的沉积物有点像多层的松糕，越靠近底部的层，其年代就越久远。许多如奥罗格赛利这样的遗址，发掘出的考古记录中存在极大的时间间隔，有时甚至会达数十万年之巨。这些岩芯中的信息便可用来重建此地的古环境，以期填补一些空白。

走出非洲理论

20世纪早期，人们很难解释直立人是如何来到亚洲的。那时候的人们并不知道板块构造，也不知道漂移的板块会导致陆地移动。此类科学概念直到20世纪后期才得以解释清楚。既然在当时并不存在超级大陆如泛大陆的概念，那么科学家的问题就来了：为何在马达加斯加和印度都有狐猴化石，而非洲大陆或中东地区却没有？因此，科学家们假设马达加斯加与印度之间曾经由一个名为"利莫里亚"的陆桥连接，狐猴便由此穿行于两地，只是后来这块大陆没入海底了。

在人类进化研究领域，恩斯特·海克尔曾普及过一种失落的"天堂"的观点，认为这个"天堂"才是人类真正的发源地。在这种世界观里，过渡时期的古人类化石早已随着他们生活过的陆地一起沉入海中。

但随着更多化石证据的出现以及更确凿的年代测定，一种不同的说法出现了，因为在亚洲发现的直立人化石较之非洲发现的标本更加年轻。时至今日，当前学界的观点认为，直立人起源于非洲，是由南方古猿或另一支早期人属物种进化而来。有人将直立人称作第一个世界性古人类，因为他们走出了其原来所在的大陆。

2020年，《科学》杂志发表的一篇论文称，在南非德里莫伦发现的推测为直立人的古人类化石可追溯至约200万年前，[28]这使其成为非洲最古老的直立人化石。而大约在同一时间，有研究人员认定在肯尼亚东图尔卡纳地区发现的头骨碎片距今约有190万年的历史。[29]爪哇岛桑义兰（Sangiran）发现的最古老的直立人化石表明，那里的直立人在180万年前也已出现。

21世纪初，格鲁吉亚德马尼西遗址（Dmanisi，Georgia）惊天化石的发现再次改写了人类起源的叙事。该区域自青铜器时代以来就有人类定居，故此地一直是考古学家们趋之若鹜的热点地区。但在1991年，研究人员才在一个古老的沉积层中发现了一块下颌骨，后经测定发现已有180万年的历史。到2005年为止，科学家们已在这里发掘出5具保存完好的头骨、大量的骨头化石及石器。

第一次走出非洲

直立人起源于非洲并迁徙到世界其他地区的理论被称为"第一次走出非洲"，这是目前关于该物种如何在世界范围内进行传播的主流理论。有人认为直立人（或非洲的匠人）并非第一个走出非洲的古人类，在条件允许的情况下，南方古猿可能也曾经穿越黎凡特走廊（Levantine corridor）和非洲之角（Horn of Africa）的小路。

可是，这两种观点都无法排除古人类从其他地方回到非洲的可能性，故而使得人类进化的叙事更加复杂化。虽然这样的争论看起来像是诡辩，但它的确引发了关于现代人类起源的更大争论。有可信的证据表明，智人在非洲演化，然后散播到了世界各地；但我们现在也知道，智人在旅途中还与其他人类有杂交。这些智人中的部分人与尼安德特人及丹尼索瓦人（他们也有杂交行为）结合生下后代。有可能早期的人属迁徙浪潮造就了这批混血后代，他们的基因是现代人类祖先的一部分。

现今这些化石的年代还存在争议，但当年被发现时，它们的确是非洲以外发现的最古老的古人类遗骸。德马尼西人（*Dmanisi hominins*）的现世表明，人类离开非洲的时间比原先认为的要早。不过，科学家们再次因对其分类而产生了分歧。有人认为德马尼西人是一个新物种，即格鲁吉亚人（*Homo georgicus*），另一些人则认为他们应被称为格鲁吉亚直立人（*Homo erectus georgicus*）。还有人认为他们应该是直立人格鲁吉亚匠人亚种（*H. erectus ergaster georgicus*）。但大多数时候他们被称为德马尼西人。

德马尼西人的身长可达1.66米，这比其他直立人（如图尔卡纳的"纳里奥科托米男孩"）要矮，但他们依然有着同样修长的腿可大步前行。不过，他们的其他一些特征看起来更为原始：他们有着更长更像猿的手臂，以及更小的大脑，脑容量在545到730毫升之间。

德马尼西人个体的年龄范围也引发了科学家们的思考。发现的化石中很有可能包含一名年老的男性，其余两名男性，一名女性以及一名青少年。有趣的是，比起其他直立人，德马尼西人展现出更多的性别二态性（sexual dimorphism）。但真正引人注目的点在于，这位老人在死前只剩下一颗牙齿了。即便对当时健康的古人类来说，要存活于世也是件充满挑战的事情，这位老人很难寻找食物及进行咀嚼，可他却活了很多年。有科学家认为这表明有社会关怀的存在，族群中的其他人必须帮助他生存，或者起码会给予他一些特殊的优待。

新的发现还在持续撼动着人类的起源叙事。2022年，考古学家在以色列约旦河谷的乌贝蒂亚（Ubeidiya）发现了一根单一的古人类脊椎，可追溯到150万年以前。[30]他们相信其属于一个未成年的直立人，死时身高约1.55米。虽然单从一根脊椎得不出更多的结论，但这确实强化了一个观点，即当时在非洲以外还有其他古人类存在。

然而，在古人类学领域没有什么是板上钉钉的事。2018年的一篇论文颠覆了我们对于人类走出非洲的准确把握：论文中，科学家们利用古地磁测年法测定在中国出土的石器年代约为210万年前，[31]这比现在学界认为直立人离开非洲的时间要早得多。不过，还没有发现使用这些工具的古人类化石，因此我们还不确定是谁在使用它们。

每一次新的化石发现都在将直立人走出非洲的可能时间往前

推。现在看起来最有可能的认识是，早期人类族群有过成功的迁徙经历，包括个人、团体和族群越过黎凡特走廊以及非洲之角进入欧亚大陆。

为什么离开

直立人是我们所知的最成功的物种之一。在其漫长的存在时间里，他们占据了世界上大片广阔区域。目前学界的共识是，该物种起源于非洲，并传播至其他大陆。但如果我们假设第一次走出非洲的猜想是正确的，那么有个主要的问题需要解答：为什么他们会离开非洲？

对于这个问题虽然有一些推测，但也只是理论，毕竟我们无法真正知晓他们的动机。当然，有个重要的因素在于直立人有能力做到这一点。他们的腿很长，还可能会体温调节，这意味着他们能够离开自己的领地去旅行。直立人可以很好地适应从大草原到森林等各类地貌环境。他们还可以使用工具，食物种类更为广泛，故而不会像其许多祖先那样只局限于一个地方。因此，直立人旅行可能只是因为他们很好奇，而且他们可以做到。

另一个愈发受到瞩目的理论是气候变化。美国史密森博物馆的古人类学家瑞克·波茨（Rick Potts）及其同事追踪了气候的变化——干湿、冷暖之间的波动——并提出是气候变化促成了古人类的适应。韧性更强的个体，即那些能够制造工具以及对环境适应性更强的个体更有可能生存下来。波茨坚持认为，人类进化的关键发展如直立行走、技术的出现和人类迁徙都与气候变化的时间相吻合。当然，并非所有人都同意这一观点。有研究人员指出，与今天的人类相比，古人类的寿命相对较短，他们不会因气候变化突然而做出某些决定。

有个相关的假说认为，气候变化可能促使其他动物迁徙到更合适的环境中去，直立人只是跟随而已。人类的部分优势就在于能够适应变化的环境，但许多其他动物包括人类的猎物却没有这样的本领。迁徙的触发也许由一个事件或是一小撮事件促成，匠人最终离开非洲，进入欧亚大陆。但在将来，我们可能会发现真实的故事或许比这要复杂得多。

同样，我们也不清楚100多万年后直立人发生了什么。为何这群杰出的旅行者征服了半个地球，却突然从化石记录中消失了。至少，在黎凡特地区，科学家们对此有个猜测：直立人被另一个人属物种取代了。我们之所以知道这一点，是因为古象（*Alphas antiquus*）在同一时期也消失了。该观点认为，直立人依赖于大象的脂肪存活，当新的人属物种在约40万年前进入该地区后，捕猎导致了象群的灭绝，饥饿使得直立人离开这个地区甚至就此灭绝。

我们所知的最后的直立人（截至2023年）生活在爪哇岛上的昂栋（Ngandong），生活在距今11.7万至10.8万年前。当时还存有许多其他人属物种，可如今只剩下我们了。这可是人类进化史上的一大谜团。

供给大脑的食物

在距今200万到100万年前，古人类的脑容量有了一个显著的飞跃。200万年前，行走在非洲大陆上的能人的大脑容量比一品脱（1英制品脱=568毫升）的啤酒大不了多少。快进至100万年之后，生活在赞比亚克万德威（Kwandwe）以及欧洲各地的海德堡人肩膀上都顶着一颗两倍大的脑子（约1280毫升）。到底是什么导致了大脑尺寸的巨大变化呢？

人类起源简史：破译700万年人类进化的密码

就像古人类学领域经常出现的情况一样，对此我们并不确定，但我们有很多理论。首先，在这段时间里，人类的牙齿发生了变化，变得更小了（尤其是与鲍氏傍人的巨齿相比）。匠人（非洲直立人）的牙齿也与其祖先有明显的不同，这表明该物种经历了饮食上的重大转变。

大脑袋需要消耗大量能量。我们现代人的大脑约占总体重的2%，因此需要大量的食物来补充能量。具体而言，人类的大脑神经元数量是其他灵长类动物的两倍还多（平均860亿个）。我们的大脑包含所有这些神经元，在休息时消耗着我们身体20%的能量，而其他灵长类动物的这一比例只占约9%。

其他大脑袋的人属物种也需要大量的营养和能量密集的食物。有学者认为，火的使用加速了人类大脑的发育，因为这使他们能够吃更多种类的食物，而且也不太可能有人能通过吃生的来为其大脑袋供能。人类第一次点燃火种是什么时候，围绕这一问题的争议很大。有人说是在170万年前，大致与脑容量开始飞跃的时间差不多，可最早的证据出现在约78万年前。

第一个屠宰的迹象出现在约340万年前的埃塞俄比亚，表明古人类（这个例子中很可能是南方古猿阿法种）已经在吃肉了，尽管他们还不大可能会烹饪肉。早期人类需要把肉切成小块才能咀嚼，而最早的人类技术即奥杜韦技术只在330万年前的考古记录中才开始出现。

早期古人类还可能会敲开骨头以获取骨髓和大脑中的脂肪营养物质。有学者认为正是这一行为促使他们走上了大脑发育之路。

然而，淀粉和碳水化合物是释放大脑袋所需能量的关键，也是维持用长腿进行长途跋涉的关键。淀粉含有葡萄糖，可这些葡萄糖的存在形式通常令人难以消化。它们需要被煮熟。这再次把重点抛回了人类何时能够使用明火烤制食物这一悬而未决的问题上。

有项关于牙齿细菌的研究特别引人注目。该研究表明，人类和尼安德特人，也即我们所知的脑容量最大的人类物种，口腔里都有可将淀粉转化为糖的细菌。正因拥有这些细菌，而其他现代灵长类如黑猩猩、大猩猩和吼猴都没有，科学家们认为这两个物种可能是从一个开始食用含淀粉食物的共同祖先那里继承了这些细菌。另外，科学家们还认为，既然这两个物种于80万至60万年前分裂，那至少有一个人属物种在那时已经开始吃含有淀粉的食物了。

人类起源简史：破译700万年人类进化的密码

人类物种大爆发

多年来，在亚洲和非洲出土了大量的直立人化石，可欧洲却少有古代人类物种的发现。古人类学家了解此地的尼安德特人和早期人类，但再之前的就一无所知了。

1994年，在西班牙北部的阿塔皮尔卡山脉（Atapuerca hills），古生物学家在格兰多利纳洞穴（the Gran Dolina cavern）内发现了一些古人类的下颌骨和牙齿化石。自20世纪70年代发现石器工具以来，此地一直颇受考古学家的青睐。他们利用生物年代学及古地磁学的知识，确定该地含有古人类化石的沉积层年代至少在78万年前，并将此物种命名为先驱人（*Homo antecessor*）。自那以后又发现了好些个体。然而，这些骨头标本大多属于比较年轻的个体，故其物种描述及与其他物种的比较都变得复杂起来。该物种名字来源于拉丁文，意为先驱。

西班牙阿塔皮尔卡山脉

20世纪初，西班牙阿塔皮尔卡绿油油的山丘上正修造铁路，地表被翻开，赭褐色的岩石露了出来。就在这些岩石里，包裹着整个欧洲最重要的一些化石遗存，而它们也已在这岩石里保存了数十万年。不远的山上有许多考古发掘点，如格兰多利纳洞穴和西玛德洛斯赫索斯洞穴（Sima de los Huesos cave，也被称为"骨头坑"）。

自20世纪60年代以来，考古学家们一直在对此地进行开发，在许多山洞里都发掘出人类骸骨、工具以及数不胜数的动植物化石。该遗址的历史可追溯至120万到50万年前。现在，这里已被联合国教科文组织列为世界遗产，作为欧洲最早的人类遗存而被铭记。

多年来，该遗址一直被认为是欧洲最古老的古人类居所。但2013年时，西班牙古人类学家又在西班牙的巴兰科莱昂

（Barranco León）地区发现了一颗年代介于170万至100万年前之间的古人类婴儿牙齿。这让它一举夺得欧洲最古老人类化石的桂冠，比之前的化石年代早了100万年之久。

就现有资料来看，先驱人的长相极其现代。我们并没有成年先驱人完整的头骨，只有部分头盖骨、脸、下巴和牙齿的化石，我们对先驱人面部的了解主要来源于一个个体的残骸，科学家们认为这是一个10岁的孩子。与直立人不同，先驱人没有高耸的眉脊，而且鼻子突出，颧骨也高。

英格兰的古老脚印

2013年，英国诺福克郡的哈比斯堡村暴雨连绵，暴风雨将海滩上的一整层沙子都冲走了。消失已久的河床露了出来，在古老的沉积物表面，一串人类脚印赫然出现。这些脚印可追溯至80多万年前，是非洲之外发现的最古老的脚印。也有科学家认为这串脚印只有约60万年的历史。因为潮汐侵蚀，这串脚印在露出来仅两周后就被毁掉了。幸运的是，科学家们刚发现这些脚印时就制作了模型及3D图像。

先驱人在当时是欧洲唯一被发现的古人类，因此常被拿来与这串脚印相关联。可在哈比斯堡还没有发现古人类标本。

未成年和儿童的遗骸上有着明显的屠宰痕迹，引发了学界关于其同类相食的猜测，尽管我们并不知道这是怎样发生的。有学者认为这是部落间竞争的证据；另一些人认为，这些年轻的个体可能是因为生病或已经自然死亡，故而被吃掉以免肉被浪费。

不管怎样，尽管学界还无法确定他们在人类进化分支中的确切位置，先驱人都是人类谱系中一个重要的物种。有学者鉴于其相对现代的特征，认为先驱人可能是人类和尼安德特人的最近共同祖先；而另有学者则认为，先驱人在那次分裂之前就已然分出去了，和我们并没有直接关系。

人属可能的共同祖先：海德堡人

1907年，也就是在那场揭开英格兰人类脚印的风暴的一个多世纪以前，矿工们在德国海德堡附近的一个采砂场发现了一块没有下巴的下颚骨。德国人类学家奥托·舍滕萨克（Otto Schoetensack）将其定为一个新的物种：海德堡人。下颚骨包括大部分牙齿，其年代可追溯到64万年前，是此物种的模式标本。所以即便有了更古老和更具代表性的化石样本，这个物种也叫海德堡人。

几年之后，在非洲南部出土的一个头骨把事情变得复杂起来。当然，这在人类进化故事的讲述过程中早已屡见不鲜了。1921年，矿工们在如今的赞比亚找到了一个古人类头骨。这一发现甚至比雷蒙德·达特宣布在南非发现"汤恩幼儿"还要早。头骨是在一个叫卡布韦（Kabwe，又名布罗肯山）的地方发现的，很快它便被运往伦敦，被命名为罗得西亚人（*Homo rhodesiensis*），因为赞比亚那时是北罗得西亚。20世纪70年代，赞比亚政府一直在呼吁将此头骨返还回国。如今，它还被保存在伦敦自然历史博物馆。

在很长一段时间里，这个头骨都被认为很年轻，也就约3万到4万年的历史。而1974年的一次年代测定表明它有着11万年的历史。到了2020年，科学家们再次估测该头骨，认为其年龄在32.4万到27.4万年之间，这也意味着这枚头骨的主人和许多其他人属物种生活在同一时期。[32]

这个头骨样本有着厚厚的眉脊，一个相对巨大的大脑（约1230毫升），牙齿上还有许多龋洞。这也是已知的最早患有龋齿的人类标本之一。有科学家猜测正是牙病导致了其死亡。罗得西亚人现在被认为是海德堡人的一个亚种。

1976年，美国古生物学家乔·卡伯（Jon Kalb）率领其团队成员在埃塞俄比亚阿瓦什河谷的博多达尔（Bodo D'ar）发现了一枚60万年前的头骨化石，被称为博多头盖骨（Bodo Cranium）。有学者认为它属于一个独立的物种：博多人（*Homo bodoensis*）。该头骨与在卡布韦发现的头骨、在坦桑尼亚北部的恩杜图湖以及在南非萨尔达尼发现的头骨都有相似之处。许多学者用博多人作为罗得西亚人的代名词，因为罗得西亚人的名字来源于帝国主义者塞西尔·约翰·罗兹（Cecil John Rhodes），现今认为此人对殖民统治的不良后果有不可推卸的责任。

出土于欧洲和非洲许多国家的化石标本都被认为属于海德堡

人。有古人类学家认为，该物种可能也存在于印度和中国。不过，海德堡人仍旧是个有争议的物种。1950年，海德堡人曾被并入直立人，成为直立人海德堡亚种（*H. erectus heidelbergensis*），不过现在大家通常认为海德堡人是个独立的物种。

围绕海德堡人的争论十分激烈。他们被认为是一个渐变种，是一个将匠人（或非洲直立人）与尼安德特人联系起来的单一谱系。有学者认为他们甚至可能是尼安德特人与我们的共同祖先。而另一些人并不同意这样的说法，认为先驱人才是共同祖先最好的人选。还有人认为，迄今为止还没有发现哪个化石物种具有共同祖先的形态特征。

引发争论的部分原因在于，1907年发现的模式标本只有下颌骨，可用于分析的形态特征有限。因此，有些学者认为，可以将欧洲的海德堡人重新标记为尼安德特人，而欧洲以外的人应被称为博多人（而不是罗得西亚人）。

随着海德堡人占据更多的领地，他们必然要适应不同的地形与气候。拿欧洲为例，海德堡人必须学会应对四季分明的环境以及更寒冷的气候，这与非洲的气候是完全不同的。在不同地区，可供捕猎的动物种类也是不一样的。为了克服这些新的挑战，海德堡人必须发展出新的技术，甚至是更复杂的社会互动形态。

大约50万年前，南非卡苏潘（Kathu Pan）的一个古人类——有可能是海德堡人或罗得西亚人——用石头凿出了矛尖。这些石器沿着边缘受损，但受损的方式和用于刮或切割的石器不同。相反，这些石头看起来像是被用作矛尖，这说明50万年前就开始使用矛这一技术了。这比考古记录其他长矛的出现时间早了很多。

在遥远的赤道另一边，研究人员于1994年至1999年间在德国的舍宁根（Schöningen）发掘出10支木质长矛，同时发现的还有大量的动物骨骼和石质及骨质工具（尽管没有手柄）。这些被称为"舍宁根长矛"的文物有着30万到33.7万年的历史。与长矛一起出土的动物化石体型巨大，有被屠宰的痕迹。这些手工制品附近并没有发现古人类化石，但海德堡人似乎是最有可能的人选，甚至早期的尼安德特人也有可能。2023年，科学家宣布在舍宁根遗址又发现了30万年前的古人类脚印。这是德国最古老的古人类脚印，有可能是海德堡人留下的。

长矛的发现意义重大。这表明其使用者已不仅仅是在觅食，而是在狩猎。它意味着那时的古人类已能够相互交流，并具有共同策划及一起打猎所必需的认知技能。还有一种观点认为，这些矛是标枪，标志着古人类技术上的转变。

此外，还有其他同时代的重要技术发现可以加深我们对古人类的认知。1993年，伦敦大学学院的考古学家在西苏塞克斯郡（West Sussex）博克斯格罗夫（Boxgrove）的一处考古遗址出土了部分古人类胫骨化石。1995年和1996年，他们又在约一米远的地方发现了一些牙齿化石（下门牙）。这些化石约有48万年的历史，被认为是海德堡人。考虑到胫骨的长度，此人很可能是一名男性，站起来约有1.8米高。这些遗骸是英国已知最古老的人属物种证据，不过真正引人瞩目的是在同一地点发现的其他文物。

该遗址的一部分被称为"屠马场遗址"，考古学家在那里发现了一匹大马的遗骸以及1750多块燧石残片。研究人员现如今已能重建当时许多的人类活动现场——从分离废品到用马的各个部分来制作新工具。他们还认为当时应有大量个体参与到这场屠宰及后续的活动中来。在博克斯格罗夫的发现表明，这些可能是海德堡人的早期人类已经能够彼此交流并一起从事日常工作，有了自己的社会生活和文化。

这还不是人类进化史上唯一的惊喜。2004年，研究人员在以色列的GBY遗址（Gesher Benot Ya'aqov）发现了78万年前人类用火的证据。那个时期，海德堡人正在附近活动。2022年一项研究更进一步，指出这些古人类吃的是烤熟的鱼，还把鱼的牙齿扔掉了。[33]

就目前的情况来看，许多古人类学家认为海德堡人是非洲直立人（即匠人）与人类及尼安德特人之间的进化连接，是一个渐变种。有些学者甚至认为海德堡人是人类与尼安德特人最后的共同祖先。就已知的资料显示，海德堡人分布广泛，在许多国家都有化石发现。而在他们生活的时代，考古记录也开始反映出一些古人类（可能是海德堡人）已出现日益复杂且具备技术能力的行为。

人类何时开始用火？是谁点燃了第一把火？

我们并不确定人类开始使用火的时间，也不知道是哪个物种先开始的。要解答这些问题，得先回答什么叫"使用"火。也许更为古老的物种能认识到火的好处并能够利用它，如闪电点燃了一棵树。但这与寻找火种、为某个特定的目的去生火并维持火种不灭是完全不同的，更别提将之变为一种持续且常规的操作了。

不过，围绕用火的问题是人类进化的核心。人类是唯一学会了用火的生物，也是唯一能随心所欲地引燃火的生物。有了火，我们可以烤制原本不能吃的食物，让我们有了营养丰富、能量充足的膳食结构。火还可以保护我们免于被捕食，它的温暖让我们得以生活在寒冷的地方。

对于火的使用，人类最早可能是从"搜寻火"开始的，因为这只需要有识别火的能力。野火的用处不仅在于其火焰，火烧过之后，人类便可前往找寻烧过的动物残骸或鸟蛋。下一个挑战便是将火从空间和时间上同时加以延展，即将火苗带到不同的地方，以及使其维持的时间更长。在寒冷的地方，整个冬天都需要生火，而温暖的地方在潮湿的雨季也得添柴加火。

只是，我们很难在沉积物中找到这些短暂的燃烧痕迹。有时燃烧的痕迹可能只有几毫米厚，而且很难说这些材料的燃烧是天然的还是人为造成的。

有证据表明，肯尼亚的东图尔卡纳和切苏旺加地区（Chesowanja）早在150万年以前便有早期使用火的痕迹，[34]南非斯瓦特克兰和奇迹洞（Wonderwerk）中也有距今100万到50万年前的古人类用火的遗迹。不过，在以色列的GBY遗址，考古学家发现了整整一层燃烧过的材料沉积，其历史有78万年之久，这也表明住在那里的人已经会习惯性地点燃并照顾火，或是把火带到同一个地方。

同时，在北京人的发现地——中国周口店地区距今50万到20万年的沉积层中，虽然没有直接用火的证据，但人们在其中发现了烧焦和未烧焦的骨头。

大约从40万年前开始，用火的迹象在欧洲、中东、非洲及亚洲的遗址中开始普遍起来。大约在这个时候，人类发展出了"勒瓦娄哇技术"（Levallois technique），并有了利用树脂来给工具装把手或黏合制品的例子，而这是需要用火才可行的事。

早期人类的生火能力问题通常围绕着他们是否能够自己点燃火种来看，不过有学者指出，维护火种不灭以及从邻居家火塘里借个火可能更重要。有研究人员强调，虽然点火——即将两根木棍在一起摩擦被认为是一种认知上的进步，但可以说它比制造莫斯特工具（Mousterian tools）以及用树脂来装把手要容易多了。将两块合适的石头撞击在一起才是更为先进的办法（用燧石和黄铁矿点火的"击石生火模式"），我们在更后期的考古记录中开始看到这一模式，可能的起始年代约为8.5万年前。

2023年的一项研究认为，是尼安德特人发明了击石生火的技术，而非洲的智人有可能独立发明了钻木取火的技术，即将一根木棍钻进一块木头上点火的方法，到现在这仍然是狩猎采集者最常用的生火技术。

在南非的考古遗址发现，早期智人从大约16.4万年前已经开始对石头进行加热，使其变得更容易被剥裂。[35]这样的热处理会扩展智人制造工具的范围。来自西班牙中部瓦尔多卡洛斯（Valdocarros）地区的新证据表明，当地至少在25万年前便已有人能控制使用火了。从大约10万年前开始，人类用火的记录开始变得无处不在。

人属未解之谜

虽然在化石记录中，人属是最具代表性的属，但其中仍有许多空白是我们用假设与理论填补上的。因此，新的化石发现以及用新技术对旧有化石做重新分析，都会继续影响我们对人类进化故事的叙述。

在21世纪初之前，科学家们认为只有智人能够走出东南亚。因为要从那里出发意味着需要使用船只或木筏，而这被认为是我们智人才有的技术。但2003年在印度尼西亚弗洛勒斯岛的一个洞穴中的重大发现改变了这一点。在这个名为梁布亚（Liang Bua，意为凉洞）的地方，研究人员发现厚厚的一层灰烬里埋藏有一具体型极娇小的人类部分骨架。起初大家都以为这是一个孩子的遗骸，然而后来发现，虽然骨架站起来只有一米多高，但骨架的主人是个成年人，因为她已然长出了智齿。这具相当完整的骨架（对于古人类学来说）被认为属于一名30岁的女性。2004年，她被认定为一个新的物种：弗洛勒斯人，有时也被称为"霍比特人"（即J. R. R.托尔金所著《霍比特人》及《指环王》中的小个子半身人）。

进一步的发掘出土了更多个体样本，大致年代在10万到5万年前。洞穴中还有大量的石器器具封存在距今13万到9.5万年前的沉积层中。这个年代暗示着弗洛勒斯人可能遇到过现代智人。

就其年代而言，弗洛勒斯人的特征是古代与现代的奇异混合：他们有着一个很小的大脑（大约410毫升，比许多南方古猿还小），但他们又长又低的头盖骨又更类似于直立人甚至是现代智人。虽然他们的脚趾都朝前，但相对现代人而言，他们的脚明显更长，因此他们的步态应该与我们不同。起初，由于弗洛勒斯人的脑容量和身材都较小，研究人员认为他们有可能是某种天生残疾或有先天疾病的智人。然而，目前还没发现有哪种疾病会形成这些特征。岛上的其他发现表明，此地更早期的古人类或许具有部分类似的特征。不过，大部分的争议都从单一的头骨推断而来，因此很难说该头骨可以代表整个物种，还是其本身只是一个不健康的特例。同时值得注意的是，弗洛勒斯人没有下巴，而下巴是智人独有的特征。

这个物种的进化轨迹是个谜。有学者认为弗洛勒斯人是从印度尼西亚的直立人进化而来，但其他学者指出，他们和能人甚至来自非洲东部及南非的南方古猿源泉种有着相似之处。这些小个子人类最终是如何抵达弗洛勒斯岛的？这是古人类学的一个谜团。不过，看起来这个物种许是在岛上进化的，而非别的地方，因其所处位置可以解释其相对较快的进化和矮小的身体。1964年提出的"岛屿法则"表明，体型较大的物种在岛屿上定居后往往会进化得更小。相反的情况也会出现：当一个体型较小的动物发现自己在岛上生活时，它就倾向于进化得更大，如渡渡鸟便是这样。2019年，有研究人员模拟了弗洛勒斯人的进化，发现这些"霍比特人"极有可能是遵循"岛屿法则"，用了大约360代的时间从直立人体型缩小至被发现时的体型。

马坝人之谜

1958年，有村民在中国广东省马坝村附近发现了一个古老的头盖骨。这些遗骸包括一个头盖骨，部分上脸以及可能是鼻子的断片。科学家们将其命名为"马坝人"，猜测这是一种过渡型古人类，介于直立人和智人之间。也有学者认为他们可能是海德堡人向亚洲扩散的结果。如果重建正确，马坝人的脑容量将达到1300毫升，与尼安德特人和智人相当。对于马坝人存在的年代还不确定，但大致在30万到13万年之间，这期间尼安德特人存在于欧洲。有趣的是，马坝人同时有着尼安德特人（突出的鼻子和厚实的头骨）和智人（前额）的特征。有学者认为，这是由于趋同进化而产生，不同物种的特征是各自分开进化的，并非尼安德特人真的抵达如此遥远的东方。

在弗洛勒斯人被发现几年后，研究人员又在数千千米外的菲律宾吕宋岛上发现了另一个身材矮小的人类。当2007年发现第一批骸骨化石时，人们认为他们属于现代人。而在2019年发掘出更多的化石标本后，他们被归入一个新物种：吕宋人。科学家们认为这些骸骨至少属于3个个体，其年代可追溯到5万年前。

和弗洛勒斯人一样，吕宋人也展现出南方古猿与人属特征的嵌合：小小的牙齿，但又有着弯曲的指骨和硕大的南方古猿般的脚。只是，该物种的化石记录极其稀少，以至于很难描述他们如何行走，他们有多高，或者他们是否有弗洛勒斯人一样的侏儒症。另外，学者们还怀疑吕宋人与弗洛勒斯人一样，可能是亚洲直立人的后代，只不过目前该猜想还未得到证实。

古人类的新星

2013年，在南非素有"人类摇篮"之称的地区，洞穴潜水员偶然发现了一个古人类化石藏宝洞。位于明日之星洞穴内的迪纳勒迪洞室（Dinaledi Chamber）只有一个极其狭窄的通道可通外界，有些地方只有25厘米高（比标准尺子的长度还短）。这个洞穴被发现后，探险领队李·伯格便开始招募"瘦小的人类学家、生物学家、洞穴探险者，不害怕狭窄空间"的人员，最终选出一

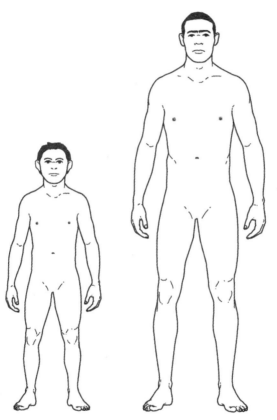

图10　弗洛勒斯人有时也被称为"霍比特人"，他们站起来只有
一米多高。

支由女性组成的探险队进入洞穴系统进行探索，人们称她们为"地下宇航员"。

此次探险发掘共获得了至少15个不同个体约1550多个标本。此后，在洞穴系统的另一部分又发现了更多的遗骸。这个新物种被命名为"纳勒迪人"。最初，由于南非石灰石洞穴系统的年代出了名的难以确定，故研究人员根据他们的形态估测其年代约为200万到100万年之间。纳勒迪人有着许多古老的属于南方古猿的特征，但也有一系列人属形态特征。

纳勒迪人的大脑很小（约一个拳头大），手指弯曲，肩膀及髋关节看起来都很古老。但他们的手腕、手、腿和脚看起来与后来的人类相似。尽管如此，纳勒迪人被认为位于人属物种中靠近最原始的位置，是人类谱系中的早期祖先。但在2017年，科学家们宣布这种古人类实际上生活在距今几十万年前，即33.5万到23.6万年前。这一发现使得只在"摇篮"地区发现的纳勒迪人成为与早期智人以及在赞比亚卡布韦发现的古人类（有时被称为罗得西亚人、海德堡人或博多人）同时代的人。

伯格与其同事起初认为，纳勒迪人有可能是故意把尸体放进迪纳勒迪和莱塞迪的洞室进行处理的，而其他学者却质疑，相对其体型而言，如此小的脑容量是否具备进行这样仪式性行为的认知能力。2023年，伯格与其他研究人员共同发表了一系列论文，认为纳勒迪人不仅会埋葬死者，还精于用火，并且墓室的墙上还有凿刻的符号。本文撰写之时，这些论文尚未经过同行评议。

第9章　我们的近亲

当第一批尼安德特人的化石于1829年被发现时，人们还不知道有古人类物种的存在。那时的人们相信人类的面貌自古如此，看起来就和《圣经》里的亚当和夏娃一样。瑞典分类学家卡尔·林奈将我们描述为智人，但并没有对该属的特征给出具体的描述。他根据人的地理位置、皮肤和发色、行为特征及其他特征，列出了人类的几个"变种"：欧洲人（*Homo europaeus*）、亚洲人（*Homo asiaticus*）、美洲人（*Homo americanus*）和非洲人（*Homo africanus*）。后来，林奈出版了一本影响深远的著作《自然系统》。在书中，他把这些"变种"（后被译为"亚种"）纳入了一个等级秩序体系，无意中为极不科学的"种族科学"埋下了基础。至今，这样的伪科学还存于世间。虽然林奈试图对现代人进行分类，但他并没有定义"人属"，也没有一开始就意识到人类有可能是从与动物王国其他成员的共同祖先进化而来。30年之后，查尔斯·达尔文才发表了《物种起源》，普及了自然选择推动进化的观点。

第一个非官方的尼安德特人遗骸来自比利时，于1829年在昂日北部一条小溪岸边的洞穴中被发现。这是一个两岁孩子的部分头盖骨、下颚骨以及一些牙齿。尽管古老，但当时这些化石仍被归为现代人。同样的，1848年在直布罗陀的一个采石场发现的头骨化石同样被归为现代人，放在一个橱柜里保存了多年。

时间到了1856年，当人们在德国尼安德河谷（Neander Valley）发现一组化石后，有科学家意识到这些骨头化石有些不同之处。几年后，他们将这些4万年历史的化石（包括一副头盖骨和部分骨骼）标记为尼安德特人的模式标本，是一支古老的人类祖先。起初，有些学者认为这实际上只是个畸形的或得病的现代人，但随着越来越多的化石标本出现，学界最终承认尼安德特人是一个有效的物种。直布罗陀与比利时的发现都归入了尼安德特人。

20世纪初，法国南部的圣沙拜耳（La Chapelle-aux-Saints）出土了一名"老人"（死时约为40岁）的遗骸，进一步加重了对尼安德特人的一种偏见认知，即他们是一种退化的类似猿人的生物。这具化石的主人患有严重的关节炎，因此脊柱关节都有所扭曲。然而，最近的一项研究表明，圣沙拜耳人并不像描述中所说的那样弯腰驼背，[36]这只能表明对其做描述的科学家自己的偏见，而不是形态学上的真实存在。

对尼安德特人的负面看法持续了很多年，他们被描绘成愚蠢又笨重的穴居野兽。但现在我们承认他们和我们很像：有认知能力的人，会思考、感受并参与到周围的世界中去。

丰富的化石及文物

现在，我们对尼安德特人的了解比其他任何已灭绝的人类物种都要多。我们已发现了数百个个体的数千块化石，其中还包括一些几近完整的骨架；尼安德特人的基因组也已被我们成功测序；我们还从其生活遗址里发掘出许多文物，从岩画到工具再到疑似乐器，甚至是他们死后可能的埋葬地点，这些都没逃过我们的研究。此外，我们的发现覆盖了一整个从婴儿到老年的年龄范围，这让我们对尼安德特人的认识更加全面。

但我们还有许多未知的地方需要探索。例如，我们并不知道尼安德特人总共有多少，尽管有基于他们的线粒体DNA研究估计，到其数量减至灭绝之前为止，尼安德特人最多时约有5.2万人。从英格兰到西伯利亚，从乌兹别克斯坦到巴勒斯坦都发现有他们的遗骸，这表明尼安德特人曾在欧亚大陆四处漫游。跨越如此遥远的距离和地理位置，要想生存他们必须应对不同的气候条件。此外，他们存在的时间也相对较长，大致活跃于40万到4万年前。可惜的是，我们还不知道他们最终遇到了什么。

古气候

迄今为止，地球至少已经历过5个主要的冰河时代。第一次发生于大约20亿年前，而我们现在正处于最近的一次，约从260万年前开始。处在冰河时期并不是说整个星球都处于冰冻状态，而是指这时期的气温会在寒冷期（称为冰期）和温暖期（称为间冰期）之间波动。

最近的冰期始于约11.5万年前，结束于1.1万年前。那时全球的平均气温比现在低7摄氏度，意味着那时北美及欧亚大陆的大片地区都会被冰覆盖。而且由于地球上的水更多地被储进了冰原以及极地冰盖，那时的海平面也会比现在要低得多。[1]

　　但是，寒冷的肆虐已然超出了两足行走的古人类能承受的范围，威胁到了他们身体的舒适甚至是生存。由于海平面较低，那时的英国有可能通过陆地与欧洲其他地区连在一起，北非与欧洲及中东接壤，东南亚岛屿之间有陆桥相连，澳大利亚、塔亚斯马尼亚和巴布亚新几内亚形成一个单一的超级大陆，也就是说，那时的人类个体有可能可以步行到今天被认为是其他大陆的地方。

　　尼安德特人的头骨很大，脑容量与现代人相近。他们的面中十分开阔，有着一个丰满突出的鼻子。他们的门牙和下颚也比我们的大。不过，不同于人类的是，他们没有下巴。但尼安德特人的身材较之我们更粗壮结实，这得益于他们对长期在更为寒冷的

---

[1]　正如我们现在所了解的那样，这一时期地球上生活着许多人类物种，不管从地理距离角度，还是时间角度来说，他们都不得不适应这变幻的气候。——译者注

环境中生活的适应。而且，他们看起来似乎更强壮有力些。

尼安德特人似乎有着某种语言形式。有一块骨头与发声相关：这块精致的U形骨头被叫作舌骨。尽管有关尼安德特人的化石记录相当丰富，但目前为止只发现了这一块舌骨，而且它与人类舌骨极为相似。研究人员模拟了尼安德特人的喉头，发现它比我们现代人的要大得多。[37]因此，虽然尼安德特人能够发出各种声音，但他们的声音应该听起来和我们的不太像。不过，他们能够听到的声音频率倒是与我们相近。听力的进化是有原因的，有学者认为是沟通导致了听力进化。

利用高分辨率的CT扫描，研究人员对尼安德特人、现代人及来自西玛德洛斯赫索斯的个体都创建了其耳朵结构的3D模型。[38]通过模型，我们可以知晓空气是如何通过耳朵结构以及声波是如何传进内耳的。尼安德特人的听觉似乎很善于捕捉说话时频率，特别是辅音，这一点与现代人一样。然而，身体构造上的完备并不意味着他们真的可以用语言交流，也不代表他们就有着智人一样的语言天赋。但这也是有可能的吧。

2020年有研究对尼安德特人及人类基因组进行了比较，发现了其间明显的差异。通过比较现代人、古人类以及黑猩猩，科

人类起源简史：破译700万年人类进化的密码

学家们识别出有近600个基因在现代人类中的表达不同于其他物种。[39]基因上最大的不同和发声及面部解剖学相关，这种趋势是现代人类所独有的。这表明人类进化出了同时用语言和面部表情来进行交流的能力。

不过我们并不知道，当现代人与共同祖先脱离之后，到底何时产生了这样的突变？事实上，我们都还不清楚尼安德特人是什么时候从人类谱系中分离出去的，也不确定我们共同的祖先是谁。有科学家认为，海德堡人甚至先驱人都可能是尼安德特人和人类的共同祖先。

对此，西班牙阿塔皮尔卡山上的巨大地下洞穴提供了解开谜团的线索，并部分改写了对我们血统来源的叙述。在骨头坑中，研究人员发现了6500多件骨骼遗骸，大约属于28个个体。骨头坑在一个13米深井的底部，其中所发现的遗骸主要是年轻人和儿童，距今约有43万年历史。

他们的脑容量和尼安德特人及人类相同，大多数都是右撇子，而且他们比现代人更强壮。科学家们还认为其男性与女性各自的形态并没有很大的不同，因此他们缺乏人类那样的两性二态性。有些头骨上有创伤的痕迹，这可能是他们的死因。坑里只出土了一件工具，是一把用红色石头制成的阿舍利手斧，被称为"圣剑"。有学者猜测这是一件祭祀用的祭品。

分子生物学上的疑团

起初，古人类学家们以为这些不幸的古人类属于海德堡人，但也有人认为他们和尼安德特人更相近，毕竟他们的头骨、突出的面中以及牙齿都显示着这一点。2013年，新的研究证据将这事儿搅得更加混乱了。有科学家发表了一份从西玛德洛斯赫索斯里一个个体提取的线粒体DNA序列，这是迄今为止发现的最古老的DNA。[40]

尼安德特人基因组

2022年，瑞典科学家斯万特·帕博（Svante Pääbo）获得诺贝尔生理学或医学奖。2010年，他从距今4万年前的骨质化石中成功提取到第一个完整的尼安德特人基因组。此后，许许多多的尼安德特人基因组被测序，帕博因此也被认为是古DNA研究领域的奠基人。他的研究表明人类与尼安德特人有过杂交，而且他与他的团队还从丹尼索瓦人的指骨中提取到了DNA。

有研究表明，有一些现代人拥有约2%的尼安德特人基因，这使得他们更容易患上疾病。

但奇怪的是，目前为止我们还没有在现代人身上发现尼安德特人的线粒体DNA。

线粒体DNA显示，此人与丹尼索瓦人有关。丹尼索瓦人是和尼安德特人以及现代人类同时期生活在亚洲的一个神秘人类族群，现已灭绝。不过，科学家们后来成功从更多的西玛德洛斯赫索斯个体身上提取到了核基因（nDNA），发现他们实际上是早期的尼安德特人，或者是亲缘很近的种族。[41]

这些分子生物学上的发现，以及最近的研究逐步揭示了这个群体之间的各种进化分裂。首先，西玛德洛斯赫索斯的尼安德特人的年代表明，这些早期的或者说"原型尼安德特人"在时间上与已知的海德堡人过于接近，因此海德堡人不大可能是其直系祖先。他们之间的共同祖先一定更古老，因此，同样在阿塔皮尔卡山发现的先驱人成了一个有力的人选。其他学者则认为，人类仍然有可能是从另一个更为古老的海德堡人族群进化而来。

由于西玛德洛斯赫索斯的尼安德特人同时拥有尼安德特人和丹尼索瓦人的基因，这两个群体之间的分裂一定发生在43万年以前。此外，一项对尼安德特人和人类的牙齿形态及进化分析又将这个时间往前推到80万年前。[42]但不是所有学者都确信他们会在如此久远之前就开始出现分歧。有些基因研究认为，这场分裂的发生得更晚，大约在60万年前，与先驱人出现的时间一致。[43]

20世纪30年代中期，在英国肯特郡的斯旺斯库姆村（Swanscombe）出土了另一个早期尼安德特人。根据头骨碎片化石来看，此人是名女性，生活在距今约40万年前。一起出土的还有许多阿舍利工具。与此同时，英格兰东部埃塞克斯镇的克莱顿海边有一处年代相近的考古遗址，一名业余史前历史学家于1911年在该地发现了已知最古老的木质工具——克拉克顿矛。这杆矛由紫杉制成，只剩下矛尖了，但它比在德国发现的舍宁根长矛要古老得多。

我们现在知道，尼安德特人早在43万年前就已生活在欧洲。不过我们最熟悉的尼安德特人样本生活在13万到4万年前，后来他们就突然从化石记录中消失了。

在漫长的岁月中，尼安德特人持续进化着，这些变化可以从欧洲各地的化石中被追踪到。早期的尼安德特人更高，而晚期的则更结实矮胖。这一定程度上是因为其对寒冷天气的适应，也有学者认为这样他们会变得更为强壮。

尼安德特人的技术与文化

起初，人们对尼安德特人的印象很不好，当然这并不准确。随着我们对他们了解得越深入，就越会发现他们是一群能够适应环境的人，有着复杂的社会互动，也是优秀的猎人，还有着技术创新和艺术能力。

尼安德特人的存在超过35万年，其间跨越了一系列地理环境，从西伯利亚寒冷的丹尼索瓦洞穴到地中海沿岸温暖的林地。他们不得不适应这些外部环境，并根据动物种群的变化来调整自己的狩猎策略。

尼安德特人穿衣服吗？

　　尼安德特人生活的许多地方都十分寒冷，可他们在无数次冰期中都存活了下来。这使得古人类学家认为，他们一定发展出了更为结实的体型来适应这样酷寒的温度。但即便他们事实上的确比我们更耐寒一些，有学者认为，在冬季他们依然需要将自己约80%的身体覆盖起来。[44]

　　由于大多数衣物材料如兽皮等都易腐烂，这些东西一般经不起时间的摧残。然而在2020年，科学家们找到了一段5万年前的绳子碎片。[45]这条三股绳碎片在法国一个名为阿布里杜马拉斯（Abri du Maras）的地方被发现，尼安德特人曾多次占领该地。[1]

　　另外，2011年的一项研究表明，寄居在人类头上的虱子和衣服上的虱子在17万到8.3万年前就已分化。[46]研究人

----

[1]　这条绳子制作精良，树皮内部的纤维被捻成纱线，三段这样的纱线再被拧绕在一起。科学家们并不确定这绳子的用途，但制造它需要惊人的计划和计算能力。——译者注

员认为人类就是在这个时期开始穿衣服的。因为一些原本
生活在头发里的虱子找到了新的栖息地：衣服。但即便有
人在那时穿衣，我们也不知道是谁，毕竟那个时期有许多
人类物种。

尼安德特人适应性高的一个重要原因是他们的技术。更古
老的古人类使用砾石工具（即奥杜韦技术或模式1）和梨形手
斧（即阿舍利技术或模式2），但尼安德特人则与莫斯特技术
（Mousterian technology）相关联，这种技术被称为模式3。从大
约30万年至3.5万年前，我们可以看到阿舍利工具逐渐减少，而这
种更现代的新技术逐渐增多。

这种技术以法国多尔多涅地区一个名为莫斯特遗址的地方命
名。这些工具通常是以预制的石核制成，可用于各种任务，如屠
宰和木工等。而使得莫斯特工具得以现世的重要发明则是一种名
为"勒瓦娄哇技术"的技法。

19世纪人们在法国巴黎郊区的勒瓦卢瓦-佩雷（Levallois-
Perret）发现了这种技术的化石样本，这也是其名字的来源。这种

技法在打下石片前会用一块较小的石头，对石核进行修整，通过从石核上敲下碎片（剥片）的方法预先在石核上制作出想要的石片形状，最后只需一击就能将石片从石核上分离出来。这种方法使得工具制造者有了更多发挥的空间，因为他们可以先决定好石片最后的形状，再进行击打。不过，要做到这个是很难的，需要深入地了解裂缝弱度以及不同种类的石头性质。

早在30万年前，运用勒瓦娄哇技术的例子就已出现了，但真正使其发扬光大的是欧洲的尼安德特人在16万至4万年前对莫斯特工具的制造与使用。从这些物品的创造我们可以推断出很多结论：这些制作者能够计划并选择合适的石核材料，他们强有力的手可以抓取并控制工具。有研究追踪了工具的发现地与其制造者采集原料的可能地点之间的距离，展示了尼安德特人不同群体的生活方式：有的社群会利用附近区域的地质资源获取工具材料，而有的则选择长途跋涉去采集。

研究人员还表明，尼安德特人会使用树脂将他们的石器工具黏合到一起，而这需要他们对火有所控制。此外，意大利出土的贝壳工具表明，尼安德特人可能可以潜入水中深达4米，他们收集蛤蜊，并将贝壳制成工具。[47]有趣的是，尼安德特人似乎还知道如何彼此分享他们的技术诀窍。关于尼安德特人是否复制了智人的技术，还是随着时间的推移自己独立开发了更先进的工具制造技术，围绕这些问题产生了许多争论。

尼安德特人吃什么

从许多尼安德特人发掘遗址的证据来看，他们吃肉。有学者还认为，他们更喜欢捕猎成年动物，而非幼崽（以确保其种群的可持续性）。从他们骨胶原中的碳氮稳定同位素比率来看，他们可是顶级的掠食者，以大型食草动物为食。这样的食谱从12万年前稳定持续到3.7万年前，整个欧洲的饮食结构都非常相似。他们身上常伴有明显的创伤痕迹，而且与职业牛仔竞技选手的伤痕类似，说明这些尼安德特人与带有攻击性的大型动物遭遇是十分常见的。有时，他们甚至会对同类下手：在法国莫拉-古尔西（Moula-Guercy）发现的尼安德特人化石上有被屠宰的痕迹，而该痕迹与一旁的驯鹿屠宰痕迹极为相似。

当然，他们的饮食结构也是有弹性的，吃什么取决于他们能获得什么。在葡萄牙阿拉比达自然保护区的GFB洞穴（Gruta da

Figueira Brava）内，研究人员发现了560多块鱼骨以及海鸟和贝类遗骸。约10万年前，尼安德特人就曾在此居住。这项研究之前，许多古人类学家都以为捕鱼是人类的专利。[48]

2021年一项关于牙齿细菌的研究改变了我们对于人类表亲和祖先吃什么的看法。[49]研究人员分析了覆盖在尼安德特人和现代人牙齿上的细菌群落，并将其与黑猩猩、大猩猩及吼猴的牙齿进行比较，发现人类和尼安德特人的口腔中都有消化淀粉所需的链球菌。这一发现十分重要，文章作者认为，这两个人属物种应是从其生活在80万到60万年前的共同祖先那里继承了这些细菌。然而，作为回应，其他科学家对此假设提出了质疑。[50]如今，双方阵营对此问题的争论还在进行中。[51]

此外，尼安德特人吃什么还取决于他们是否用火来准备食物。他们确实会使用火，特别是后期的尼安德特人，但我们尚不清楚他们是自己生火还是从其他地方取火。如果只是取火，那么他们就会依赖于先得找到火，因此是否吃上熟食只能看缘分，而不可能顿顿都有。

复杂的行为及文化的证据

我们并不清楚尼安德特人的认知能力有多强。该研究领域中，对于这个浓眉毛的物种智力有多高，正反两方都有新的证据支持，双方僵持不下，争论激烈。象征性思维是智人的标志，智人会运用抽象、想象及交流复杂思想的方式去认知世界。我们并不知道尼安德特人是否能以这种方式进行思考。

解决该问题的主要困难之一是，需要认定尼安德特人确实是某些行为的执行者，以及石器工具的制造者。因为当我们在考古记录中看到有复杂行为时，人类可能已经出现了。尽管我们并不知道两者在何时何地产生互动，但我们无法断定尼安德特人就一定是这些行为的执行人。即便是，那他们是自发地发展出这些行为，还是从人类或其他人属物种那里学来的呢？

也许最主要的问题还在于，对于这个4万年前就已消失的物种，我们只能揣测其意图，并将我们对行为的观念附加到其身上。另外，我们也无法每次都确切地说出那些物品的用途。

不过，有证据表明尼安德特人有着复杂的艺术行为。他们看起来会制作首饰，就是用动物的牙齿、爪子以及贝壳和象牙来制作珠子。在克罗地亚北部克拉皮纳（Krapina）附近的一个岩石掩体中发现了至少来自三只不同个体的8个古代鹰爪，表明13万年前这里的尼安德特人可能已经开始把它们制成首饰了。此外，法国屈尔河畔阿尔西（Arcy-sur-Cure）的一个洞穴内发现了一些首饰及骨头碎片，从骨头化石中提取的蛋白质证明，这些与首饰相伴的古人类确实是约4.2万年前死亡的尼安德特人。

与此同时，1995年在斯洛文尼亚西部采尔克诺的一个洞穴中出土了一件用洞熊的大腿骨制成的长笛，也可能是人类已知最古老的乐器。骨笛长11厘米，年代可追溯到6万到5万年以前。有些地方称它为"尼安德特人长笛"。这根骨质长笛上有两个完整的洞。而关于这两个洞是由聪明的手有意凿出来的，还是由肉食动物的牙齿造成的，学界争论已久。如果它的确是由人类雕刻的，那么在现代人类登场前，这些雕刻家就已经在欧洲活动了。这也使得一些学者开始相信这"笛子"就是尼安德特人有能力制作音乐的证据。然而，我们需要知道，即便尼安德特人制作了这支"笛子"，用声音与他人交流（发出警告或其他信号）和作曲之间也是有着很大区别的。在20世纪20年代和30年代，斯洛文尼亚山间的其他地区还发现了其他有洞的骨质化石，可惜大多数都在二战期间的盟军空袭中被毁了。

图11　西班牙拉帕西加洞穴内的红色阶梯符号，距今
已有6.4万年的历史，被认为是尼安德特人所作。

　　有学者认为岩石艺术的存在标志着复杂的、可能带有象征性
的思想。但众所周知，岩石艺术很难确定年代，也很难将其划归
到某个特定的人类族群里。在西班牙的艾维纳斯洞穴（Cueva de
los Aviones），研究人员发现了被染成赭色的贝壳，上面有洞，
还发现了红色和黄色颜料，以及混合这些颜料用的贝壳容器。这
些"绘画工具"的年代为12万年左右。几年前，学界还认为这
些比人类的到来时间要早得多。但在希腊南部的阿皮迪马洞穴

（Apidima Cave）中发现的人类化石年代表明，早在21万年前，人类就已开始在欧洲冒险了。因此，这些"工具"有可能是尼安德特人，也有可能是人类所造，尽管对照目前的证据来看，它们是由尼安德特人制造的。

在西班牙，科学家们使用铀-钍测年法对三个不同地点覆盖在岩石艺术上的矿物质层进行了年代测定（矿物质会在岩石上累积，随着时间的推移形成许多层，就如洞穴中的石笋和钟乳石。这些沉积物最终会在岩石艺术品上形成一层薄薄的外壳）。尽管覆上了一层薄外壳，但红色的点与线在棕色与白色的岩石上依旧十分显眼。

研究人员锁定薄壳的年代大约为6.4万年前，这意味着下面的岩石艺术品的年代与其相近或更早，有可能是尼安德特人或人类制作。不过大多数科学家都认为这是人类的作品。

另外，在印度尼西亚的苏拉威西岛，考古学家发现了一幅距今至少有4.39万年历史的具象画。2017年12月，科学家们在一个名为梁特东格洞穴（Leang Tedongnge）中发现此画，并于2021年登载了对该画的描述。[52]在石灰石洞穴里，这幅宽4.5米的壁画描绘了几个人类模样的生物在捕猎动物的图景，其中包括了当地的苏拉威西野猪。有趣的是，壁画上的动物似乎有不同的年代，从4.1万年到4.39万年不等。这幅壁画被认为是人类最古老的故事记录及具象画作品，描绘了当时人们的生活。然而，我们并不清楚这些艺术家是谁：到底是人类比我们想象的更早抵达了东南亚，还是有另一个别的族群呢？毕竟我们认为，那时候该地区应该存在有许多物种。

在这些最新的发现之前，人们一直认为法国东南部肖维岩洞中的那幅彩色犀牛是最古老的具象画。而今，它仍然是欧洲最古老的作品，距今约3.5万到3.9万年历史。但同样的问题是，它的创作者身份依旧模棱两可：尼安德特人并非当时唯一的古人类，也有可能是早期的智人。

另一个文化与复杂性的标志是社会互动。在古人类学中有个特易引发争论的问题就是：尼安德特人是否会埋葬死者？这是与智人相关的一种仪式性的现代行为，比我们现在所以为的尼安德特人的认知水平要高。但也有另一种可能，如果尼安德特人确实有丧葬行为，那么他们是从人类那里学来的。值得注意的是，丧葬活动中的有意识埋葬与找个方便的地点倾倒尸体是两回事。这两个物种间也有许多反向文化交流的例子，如尼安德特人与人类分享他们的生活，教智人用鹰爪来做装饰。[53]

1908年，史前学家在法国的圣沙拜耳发现了一具老年尼安德特人的遗骸。接下来的几年中，研究人员在此地发现了更多的化石标本，这让人类学家开始思考古代人类丧葬的问题。争论持续了许多年。科学家们重新检查了洞穴并采取进一步的挖掘研究，确定尼安德特人的遗骸是故意存放在那里的（但这不一定意味着他们是被埋葬，或是有任何形式的葬礼）。顺便说一句，圣沙拜耳"老人"在其一生中已经失去了大部分的牙齿，他不得不依靠社区其他成员来帮助他，或是得到某种优待。他的存在显示了尼安德特人社群中存在社会关怀与支持。

2020年，科学家们认为4.2万年前，有人在法国多尔多涅地区埋葬了一名两岁的尼安德特儿童。[54]该遗址最初是在20世纪60年代末和70年代初被发现的，2014年时古人类学家对此地进行了重新检查，发现有人故意挖了个坑，将孩子的尸体放进去，然后用更古老的沉积物将其覆盖。

在伊拉克库尔德斯坦（Kurdistan）以西更远一些的地方，研究人员发现那里的古人类具备正式的葬礼仪式，甚至包括鲜花。1951年到1960年间，考古学家在沙尼达尔洞穴（Shanidar Cave）

发现了10具尼安德特人遗骸，有男性、女性和儿童，年代估计为6.5万至3.5万年之间。这些遗骸中的部分人被认为死于落石，而其中一具尸体上有着花粉颗粒形成的团块。研究人员认为，这些花粉颗粒表明花朵是被有意放在尸体旁的。而其他古人类学家驳斥了"花粉葬礼"的说法，认为花粉可能是由昆虫甚至是爱花的老鼠带来的。

关于丧葬行为的争论还远没有定论。持续不断地争论是因为，这表明某些古人类的认知水平已和我们相当。要知道，我们曾经认为的那些使我们这个物种与众不同的特征，如直立行走、巨大的脑容量、工具技术的诞生以及社交网络，实际上早在人类出现之前就已存在了。但葬礼和丧葬仪式目前可能还是我们人类的独占领域。

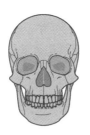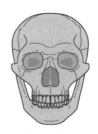

图12　人类头骨和尼安德特人头骨

丹尼索瓦人

在俄罗斯西伯利亚的一条河边，有一个相当于现代四居室住宅那么大的洞穴。传说在18世纪，这里居住着一位名叫丹尼斯的宗教隐士。在这个以隐士得名的丹尼索瓦洞中所发现的古人类化石彻底改变了我们对其他人属物种的看法，以及他们与我们人类的关系。

洞穴的三个石室里出土了大量的动物化石、骨质制品和石器，年代约为18万到12.5万年前。不仅如此，在这里还发现了用鹿的骨头和牙齿雕刻而成的年代更近的首饰。

2008年，俄罗斯考古学家在此发现了一块古人类指骨化石。从那以后，越来越多的古人类骨头碎片出土，包括一个脚趾的一部分。洞穴中的低温使得一些骨头中的DNA得以保存下来。

之后，科学家们分析了这块被认为是一名年轻女性的指骨中的DNA，得到了这个未知人类物种的完整基因组，并将其标记为丹尼索瓦人。她在基因上与尼安德特人和现代人都不同，生活在距今7.62万年到5.16万年前。此地还发现了更古老的丹尼索瓦人遗骸，其年代可追溯至约21.7万年前，而且洞穴中的一些文物年代更为古老，约在28.7万年前，所有证据都表明，早在这些人死亡之前，此地作为古人类定居点的历史便由来已久。

从这位丹尼索瓦女性的DNA来看，丹尼索瓦人在距今40万到30万年前从尼安德特人中分离出来，尼安德特人和丹尼索瓦人的关系较之现代人更为密切。尼安德特人和人类早在约80万年前就已经从他们最后的共同祖先那里分离开了。青藏高原白石崖喀斯特溶洞中所发现的一块古人类下颌骨化石也被认为可能属于丹尼索瓦人。2020年，科学家们报告说，他们在距今10万至6万年前的沉积物中发现了丹尼索瓦人的线粒体DNA。[55]丹尼索瓦人的化石现在还很少，因此我们不清楚他们的长相，也不知道他们到底是像现代人，还是更像尼安德特人。

然而，丹尼索瓦洞中的那块趾骨却属于尼安德特人，而且与丹尼索瓦人的指骨位于同一发掘层。这个被称为阿尔泰尼安德特人（Altai Neanderthal）的个体被认为生活在距今约12万年前。

但或许丹尼索瓦洞中最令人瞠目的发现应属于一块长长的来自约9万年前的年轻女性的骨质碎片。科学家们昵称这名女性为丹尼。丹尼的母亲是尼安德特人，父亲是丹尼索瓦人。这是近10年来确认的最新一例人类异种交配，也是最令人惊奇一例。20年

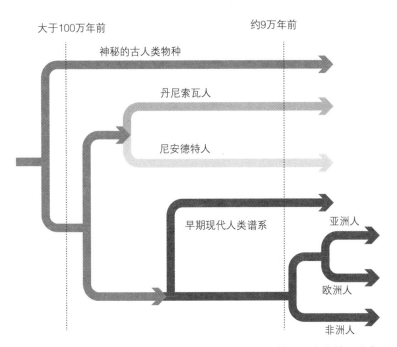

大于100万年前　　　　　　　　　　约9万年前

神秘的古人类物种

丹尼索瓦人

尼安德特人

早期现代人类谱系

亚洲人

欧洲人

非洲人

图13　科学家们认为，丹尼索瓦人在40万到30万年前从尼安德特人分离
出来。

前，这样的异种交配还被认为是绝不可能的。

　　对现代人DNA的分析表明，今天生活在亚洲地区的一些人的
基因组中有丹尼索瓦人DNA的痕迹。其中一种丹尼索瓦人基因
EPAS1使得现代藏族人能够适应在高海拔地区生存。

与此同时，2019年，科学家们对来自中国青藏高原的丹尼索瓦人部分下颌骨（尽管实际上它早在几年前就已被发现）进行了描述。[56]下颌骨中的胶原蛋白将其与丹尼索瓦洞中的个体联系起来，不过科学家们还是认为中国标本的历史已超过16万年之久。

在中国发现的其他化石也可能属于丹尼索瓦人。这些古人类化石的发现地各不相同，年代从35万年前到10万年前不等，古人类学家曾经推测他们可能属于直立人、海德堡人或者尼安德特人。

大荔人（Dali Man）就是其中之一。1978年，中国陕西省大荔县的一位农民发现了一具完整的头骨化石，看起来像是介于北京人（直立人）和尼安德特人之间的物种。

大荔人有一个长且低的头骨，前额极低，脑容量也只有1100毫升多点（这是人类脑容量的下限）。但头骨上有着一个突起的矢状嵴，这种骨脊可以在直立人身上看到，在咀嚼能力极佳的鲍氏傍人身上也很明显。大荔人还有着可观的眉脊，不同于北京人的是，北京人的两条眉脊连接在一起，连成了一条壮观的"山脊"，跨越整个面部，而大荔人在两只眼睛上分别有着拱形的眉脊。最初，他们被称为大荔智人（*Homo sapiens daliensis*），有时也被称为大荔海德堡人（*Homo heidelbergensis daliensis*）（得益于走出非洲的假设获得支持），但大多数时候只称他们为"古代智人"。自从丹尼索瓦人被发现以来，有科学家认为大荔人实际上可能与这些来自西伯利亚的古人类有联系，但这需要我们发现更多的证据来证明这种关系。

2021年，中国古科学家描述了一个约14万年前的头骨化石。[57]实际上，它在85年前就被一名工人发现并藏在了一口废弃的井中（就在4年前，研究人员刚在北京附近发现了北京人）。科学家称这个头骨为"龙人"（*Homo longi*），因为发现于中国黑龙江省的龙江，故被昵称为龙人。

这个头骨属于一名男性，和大荔人一样有着巨大的拱形眉脊。他有着一张扁平的脸，一个相当大的圆鼻子，脑容量约为1420毫升，这与现代人及尼安德特人相似。考虑到其相对现代的外观，头骨的发现者认为龙人可能是人类的近亲，可能比尼安德特人还要亲近。有学者认为这可能就是个丹尼索瓦人，而另一些学者认为应该将龙人和大荔人归为一种。但没有DNA证据，一切理论都没有定论。目前，DNA证据表明人类起源于非洲。

胶原蛋白的秘密

2009年，约克大学的科学家首次描述了一种基于质谱的动物考古学技术（zooarchaeology by mass spectroscopy，简称ZooMS）。最初开发此技术是为了区分绵羊和山羊，故而从动物骨骼中提取胶原蛋白。科学家们可以将胶原蛋白分解为组成它的肽，即氨基酸链，进而找到识别不同动物的"指纹"。此后该方法得到了大范围的改进。对丹尼的研究是该技术第一次被运用在古人类研究中。运用该技术，科学家们确定了她的骨头属于一个古人类，而非现场的其他动物化石。此后，这项技术继续被用于确定该遗址的其他古人类标本。

第四篇章

"智者"的崛起

第10章　最早的人类

今天，我们的星球上只有一个人类物种：智人。从解剖学角度来看，现代人大约30万年前就已经出现，随后慢慢开始统治整个世界，直到成为最普遍的灵长类动物。不管我们彼此看起来有多么不一样，今天活在地球上的所有人类都属于智人。只是，关于人类从哪里来，以及从谁进化而来的问题一直是争论的源头。当我们第一次知道人类并非以某种完全态来到地球上时，这些问题就出现了。

当然，在卡尔·林奈在18世纪将我们的物种命名为"智人"（意为有智慧的人）的年代，若是认为人类在500万至900万年前与黑猩猩还是亲戚，那将是极其可笑的言论——更准确地说，是异端邪说。但随着古人类化石的出土频率越来越高，关于人类起源的叙事开始有了变化。当我们对自身的进化了解和发现的越多，这个故事也就愈发复杂起来。

19世纪后期，科学家们第一次意识到我们这个物种的古老程度。1868年，法国多尔多涅河畔的埃齐耶（Les Eyzies）正在修建铁路，发现一个岩石掩体中有四名成年人及一个婴儿的遗骸。他们被命名为克鲁马努人（Cro-Magnons）（曾是解剖学上欧洲现代人的代名词，后不再使用），似乎是被有意埋在这处掩体里的，伴随他们遗骸被发现的还有些工具及动物骨骼化石，其中有些看起来像是被做成了首饰。相关的文物年代可追溯到3.2万到3万年前。

这些人类和现在已知的在我们之前出现的那些古人类物种不同。他们的头骨又高又圆，额头几乎是垂直的。他们没有尼安德特人和直立人那样耸起的眉脊，也没有我们有些更古老的亲戚那样突出的脸和下颚。尤其是，他们有下巴，这是其他人属物种所没有的。

但他们和今天的人类并不完全相同。首先，他们的脑容量更大，比起现代人平均1350毫升的脑容量还大100到200毫升。他们的骨头通常也更粗些。这些克鲁马努人的化石表明，他们生存得很艰难：有的骨折了，在外伤中勉强活了下来。其中一名男子的脸上坑洼不平，多年来人们一直认为这是由极具破坏性的真菌感染引起。直到2018年，研究人员发现他可能患有神经纤维瘤，因此导致其面部甚至耳朵里出现肿瘤。不过，这也说明这些人在其一生中必须相互照顾，或是得到他人的照料，表明其拥有社会支持及关怀。

起初，古人类的发现在科学界及社会层面激起轩然大波，当时的科学家们从19世纪主流的宗教创世模型中对他们进行了解释。评论家则认为这些古人类是《圣经》所载大洪水之前的人，是被洪水冲走的。还有的人甚至认为这些骨头和相关的人造制品是在搞巫术。不过，这些发现却证实了当时一个普遍的偏见：人类起源于欧洲。这种观念又被英国的皮尔当人造假行为所强化。直到许多年后，人们才相信非洲不仅是古人类，而且是人类真正的诞生地。

早期人类

今天，基于化石证据以及对现代人的遗传学研究，智人最早出现在非洲大陆的说法已被普遍接受，只是仍不确定具体的起源地。2023年的一项研究打破了我们对于人类起源地的传统观念：通过分析290名现代人的基因组，研究人员得出结论，认为我们并非在某个特定的时刻突然出现在某个地方。现代人类起源于至少两个已在非洲大陆上存在超100万年的种群，而后才在无数次独立的互动中融合在了一起。

另一个有争议的问题是，人类到底是在大约20万年前迅速进化成"现代"的形态，还是在过去40万年里逐渐进化而来的？虽然早期智人与我们同属于一个物种，但他们的长相和我们今天的样子并不完全相同。

目前，最古老的证据来自摩洛哥。在摩洛哥杰贝尔依罗（Jebel Irhoud）尘土飞扬的干旱地区，研究人员早在20世纪60年代初就知道那里古老的石灰岩洞穴遗址，并发掘出一些石器文物，当时被认为是尼安德特人的石器，还有些当时认为距今并不久远（从考古学角度来说）的人类遗骸。这里最新出土了5具人类骸骨化石，包括3名成年人，1名青少年以及一个8岁的孩子。他们比任何其他人属物种都更接近现代人。

他们的面部缩在头骨底部，并不向前凸出，眉骨相对较小，但其牙齿相对较大，脑袋的形状更加狭长。当科学家们重新估测该遗址的年龄时，利用热释光法对一枚牙齿以及与骸骨相关的石器进行测年，发现这些化石已有31.5万年的历史了。这比之前最古老的人类遗骸还要早得多。有趣的是，出土的燧石工具并非当地石头所制，而是来自遗址以南约50千米的地方，说明这些人随身携带自己的工具。这些工具上也有用火的痕迹。

　　杰贝尔依罗人的出现让主流的人类起源叙事陷入混乱，这甚至早于2023年发现的泛非洲起源的证据。此前，许多科学家曾认为东非是人类的发源地。不过人类起源于非洲多个种群的观点多年来也开始逐渐获得认可。2023年，科学家们提供了确凿的证据支持了这一观点。杰贝尔依罗人之前，最古老的人类生活在埃塞俄比亚的奥莫基比什（Omo Kibish），位于摩洛哥东南数千千米的地方。和杰贝尔依罗化石一样，这里的化石遗存（包括两个部分头骨）也发现于20世纪60年代。两个头骨是在相距几千米的地方发现的，其中一个比另一个看起来更加现代，而后者包含一些古老的特征。最新一次年代测定使用了更先进的技术，认为这些人大约死于23万年前，比起初认为的要晚得多。[58]两个头骨的不同引发了一些令人困惑的问题：这到底代表着同一族群中的显著差异，还是说明当时有两个长相不同的人类群体生活在彼此附近？

　　同样，在南非弗洛里斯巴（Florisbad）出土了一个头骨化石，这地方距离摩洛哥可比埃塞俄比亚还要远，再一次打破了有关智人起源地的简单叙事。这件化石于20世纪30年代被发现，其形状与现代人一样大，但脑容量更大一些，约为1400毫升。1996年，通过对牙釉质进行电子自旋共振（electron-spin-resonance）测年，科学家们将头骨的年代定为约26万年前（误差不超过3.5万年）。同时，南非也是一些最早的复杂人类文化的发源地，加上一些现代遗传学证据，导致一些学者认为，南部非洲才是人类起源的地方。2023年，科学家宣布在南非南部的开普海岸（Cape coast）发现了已知最古老的人类脚印，距今有15.3万年。

所有这些发现都意味着，在这同一片大陆上存在着不同的人类种群，具有一系列现代人或者更古老的特征，他们彼此相隔甚远。如今，人类的泛非洲起源说有了新的基因证据，这些发现就更能说得通了。又一块人类进化拼图终于拼对了位置。未来更多化石的发现，或是对旧有化石进行重新研究，无疑都会进一步简化但同时也复杂化我们对于自身起源的叙述。

我们是由谁进化而来?

简言之,我们并不确定自己是从哪个物种进化而来。有关我们最后一个共同祖先是谁,以及我们是谁的后裔,至今依然是悬而未决的问题。有学者认为脑容量较大的海德堡人是最有可能的候选人,而且在非洲的许多地方都有其化石发现。海德堡人有可能取代了匠人(或非洲直立人)的位置。

其他学者认为,先驱人更有可能。我们是在西班牙阿塔皮尔卡山中的一处遗址发现的他们。先驱人看起来惊人地现代,尽管我们还没有发现一例完整的头骨。

2019年,科学家们利用计算机模型模拟出了所有现代人类最后的共同祖先的长相。[59]他们比较了弗洛里斯巴、杰贝尔依罗以及奥莫基比什等地出土的早期人类化石,研究了它们的结构及彼此间的关系,还从形态上分析了其是否有进化上的联系。考虑到物种内的变异,为确保模拟的准确,研究人员还对现代人重复了这一过程,分析数据包括来自不同地区的人类种群样本,还有已灭绝的古人类如尼安德特人等样本。最终,模拟出的早期人类头骨看起来与我们很像,但又不完全像。尤其是他有着更明显的眉脊，而且脸下部比我们更突出。

建模者们假设，大约35万年前，人类的进化谱系确实在非洲形成了一些种群，东部种群和南非种群杂交生下了我们。当时，其他科学家们警告说新的化石证据可能会再次改变数据从而扭曲整个模型。但泛非洲起源的遗传学证据似乎进一步巩固了这一结论。不管怎么说，新的发现无疑都将丰富我们现在的认知。

再次走出非洲（还是第三次或第四次？）

20世纪早期到中期，科学家们还主要依靠化石实物以及史前文物来书写人类故事，科技的发展提供了更多手段来确认这些故事里的情节。年代测定方面，新技术与更准确的方法使得研究人员能够精确认定古人类生活的时代，而DNA序列的诞生与普及则更像一场革命，照亮了探索人类起源的道路。不过，这两个分支的证据，即形态化石数据和DNA信息有时候却会将故事发展推往不同的方向，从而给我们留下更多的问题而不是答案。

无论从骨骼形态还是与文化相关的文物证据上来说，智人与之前出现的那些古人类物种都不相同。从身体上看，我们有着明显高且圆的头骨，有着一张平平的竖直的脸，而非祖先那样凸出的脸。我们也没有了之前的古人类用以固定住强壮咀嚼肌的矢状嵴。我们的门牙很小，下巴突出——这在人属物种及其他古人类中都是独一无二的，而且婴儿时期就有了。我们的四肢又长又细，这与强壮的鲍氏傍人甚至尼安德特人都极为不同。短而窄的盆骨，表面积很大的髋关节让我们成为一个擅长走路及跑步的物种。与此同时，我们的双手还有着长长的指尖，让我们能够有力且精准地抓握东西。

再一次，关于哪些化石该归到人类中去的问题，古人类学家们又起了纷争。最早的人类看起来不像现代人类，他们仍保留着一些古老的特征，而且不同地区所展现出的特征还不尽相同。因此有学者认为，只应该把那些看起来与今人相似的个体归入智人中。其他学者则更愿意统称人类的早期化身为"古代智人"（ancient *H. sapiens*），但仍将其列入智人之中。当然，仍有些强硬的顽固派还在坚持人属中只应有两个物种：直立人和智人。

现在已知的最古老的智人生活在约31.5万年前的摩洛哥。许多年以后，人类的遗迹开始在世界各地出现。

目前根据化石证据来看，人类有过几次脉冲般走出非洲的经历，或者说有过几次迁徙浪潮，但大多数的迁徙并未能在新地方成功地建立起永久定居点。他们可能已穿过尼罗河进入现代以色列，在那里发现有人类的遗骸；或是在全球寒冷的时期穿过了连接非洲之角和阿拉伯半岛的曼德海峡（Bab al-Mandab strait）（也被称为"悲伤之门"），那时的海平面比现在更低。

已知最古老的人类走出非洲的例子位于希腊。这一相对较新的发现让许多科学家感到困惑。1978年，希腊人类学家在希腊南部阿皮迪马洞穴高处的一块角砾岩中发现了两个头骨。这两个不完整的颅骨分别被命名为阿皮迪马1号和阿皮迪马2号，看上去分别是现代人类和尼安德特人，但其年代测定尚无定论。2019年，科学家们成功地确定了头骨的年代：分别约为21万年和17万年。[60]并且，研究人员驳斥了拥有圆形头骨的阿皮迪马1号是早期尼安德特人，或认为其与骨头坑的发现相似的观点。阿皮迪马1号现已被归入智人，这意味着现代人类踏上欧洲土地的时间比我们原本以为的要早很多。有证据表明，尼安德特人可能与这些早期人类探险家有杂交。

在以色列也发现了一个古人类宝库，暗示了一条穿越黎凡特的古代迁徙路线。2018年，科学家宣布，在加尔默罗山的米斯利亚洞穴（Misliya Cave）内发现的人类上颌碎片的年代约为19.4万到17.7万年前之间。[61]同样在以色列，20世纪时曾于斯虎尔（Skhul）和卡夫扎（Qafzeh）地区的山洞里出土过早期人类化石，但其年代测定相当棘手，学界认为这些化石年龄大概在8万到12万年。在卡夫扎发现了多达15人的遗骸，以及71件赭石以及被赭石染色的工具，这使得一些研究人员认为这是人类首次有记载的丧葬行为。

除了希腊的阿皮迪玛1号头骨之外，欧洲已知最早的现代人出现在法国东南部的格罗特曼德林（Grotte Mandrin），年代约在距今5.68万至5.17万年前。这说明他们与尼安德特人同时生活在这一地区。在此之前，人们根据意大利的三处遗址及保加利亚遗址所发现的牙齿，一直以为人类直到4.5万到4.3万年前才定居于欧洲。欧洲已知的最后一批尼安德特人化石最早可追溯至不超过4.2万年前，这表明这两个物种的存在是有重叠的。

而这也正是DNA从多方面扰乱我们起源故事的地方。

线粒体夏娃

1987年，美国加州大学伯克利分校的三位科学家发表了一项引人注目的研究。[62]研究分析了来自五个不同地区的147人的线粒体DNA。学者们发现，所有的DNA都来自一名生活在20万年前的女性，并且有可能生活在非洲。

这篇论文引出了"线粒体夏娃"一词，这让科学家们感到担忧，因其隐含了《圣经》以及有关亚当与夏娃的意思，是不科学的。科学的说法是，研究显示，所有现代人类都是一位生活在20万年前的女性的后裔。

什么是单倍群？

单倍群是指在基因上拥有共同祖先的一群人。单倍群用字母表示，L型大多由来自非洲的种群组成，Q型则由美拉尼西亚、波利尼西亚和新几内亚等种群组成。L0是两个最古老的进化枝之一，与非洲南部的科伊桑人（Khoisan）

的祖先有关。另一个进化枝包括L1、L2、L3、L4、L5和L6，大约在17万年前从L0分离出来。L3是与"晚近走出非洲"事件最密切相关的单倍群，正是由于这次7万年前的出走，人类开始了在地球上的旅行。

尽管最初的研究存在一些问题，但后续研究基本上证实了他们的发现。此后的研究逐步缩小了其发现的范围，表明了智人在7万到6万年前有一次史诗般的迁徙，走出了非洲（称为"晚近走出非洲"事件）。该研究还证实了线粒体夏娃确实生活在非洲。

南部非洲的人有着现代人类中最大的基因多样性。这与现代人类起源于非洲是一致的。随着一个又一个的人类族群离开非洲，他们的基因多样性也随之下降了。这便是"连续奠基者效应"（Serial Founder Effect）：如果一个小种群离开之前的大群，他们只会携带整个群体遗传多样性的一小部分。如果这个小种群进一步分裂，其基因多样性将持续下降。

线粒体DNA分析表明，大约在13万年以前，非洲有两个截然不同的解剖学上已经属于现代人的群体：一个在南部非洲，另一个在非洲中部及东部。这次迁徙可能与13.5万到7.5万年前当地遭遇的那次"特大干旱"相吻合。这场干旱也被认为是最终引发人类在6万年前大规模走出非洲（或至少是成功地走出非洲）的契机。

2007年一项追踪幽门螺杆菌（Helicobacter pylori）（一种常见的可导致胃溃疡的感染性细菌）遗传多样性的研究也很有意思。该研究发现，幽门螺杆菌的遗传多样性也会随着与非洲地理距离的增加而减少。[63]研究者认为，幽门螺杆菌似乎是在约5.8万年前从东非传播开来，被感染的迁徙人类携带了这种微生物。

在1987年的开创性研究之前，许多学者相信人类进化的"多地起源假说"（multi-reginal hypothesis）。1987年及后来的研究已然动摇了有关"晚近走出非洲"模型的共识。然而，最近关于现代人基因中存在尼安德特人及丹尼索瓦人DNA的发现，表明事情可能真的不像模型所展示的那么简单。有证据表明，智人曾多次走出非洲——有些早在20万年前——而非只是6万年前的那场大迁徙。当然，也有可能是这些早期人类与他们在旅途中遇到的其他古人类结合，从而添加了他们的遗传祖先。

多地起源模型

该理论最有力的一种说法是，人类是由古人类比如尼安德特人和直立人进化而来，这些古人类在世界各地同时分别进化并创造了多种多样的类群。尼安德特人进化成了欧洲人，直立人进化成了现代亚洲人，等等。该观点当前的含义更为精细了，并暗示了不同人群的杂交。

不过，就如同古人类学中习以为常的情况那样，新的发现表明故事没有这么简单。2010年，斯万特·帕博与其同事对尼安德特人的基因组进行了测序，发现人类与尼安德特人有过结合，并有了后代。这些幽会的DNA指纹证据被写入了现代人的基因之中，欧洲和亚洲人群里有多达2%的尼安德特人DNA。同年晚些时候，帕博与合作者又从西伯利亚丹尼索瓦洞穴中发现的指骨碎片里提取到DNA并测序。通过将这些基因序列与活着的今人进行比对，他们发现，现代人群（即东亚人和美洲原住民）里有丹尼索瓦人DNA的痕迹。东南亚、大洋洲以及澳大利亚的一些族群有着多达4%的丹尼索瓦人基因。丹尼索瓦人与尼安德特人肯定在43万年就已经分离开了，毕竟我们知道在骨头坑里发现的一个人身上同时有着两者的DNA。科学家们怀疑，两者大约在60万年前就已经完成分离，可能就是在非洲。

这些DNA片段对我们的健康有着重要的影响。例如，帕博和瑞典拉罗林斯卡研究所的遗传学家雨果·泽贝格（Hugo Zeberg）发现，有着尼安德特人基因的人更有可能从新冠病毒中感染更烈性的毒株。同时，丹尼索瓦人的基因使得藏族人能够在如此高的海拔地区生存。

不过，古DNA研究带来的最有趣的问题还得数"幽灵人"。他们的DNA是我们基因组的一部分，可我们却没有找到任何他们的实物遗存。或者，也许我们已经找到了，只是还没有定年并发现他们是谁。2020年，加州大学洛杉矶分校的两名研究人员发现，有些人的DNA中含有一个已灭绝的人类分支的部分代码，该分支在不到100万年前从智人谱系中分离出去。[64]这两位遗传学家对来自西非400多人的基因组进行了研究，包括了尼日利亚、塞拉利昂和冈比亚的不同人群，希望找到这些人群中新的基因变异是如何产生的。通过大数据分析，研究人员发现，这些人的部分遗传祖先（基因占比2%到19%）竟没有把遗传物质传递给世界上任何其他智人族群。研究人员估计，在12.4万年前的某个时期，这些古人类与人类在西非有过杂交情况。

我们还不知道这个"幽灵种群"是谁，古人类学家将梳理现有的化石，并发掘新的证据，以期确认这名"幽灵祖先"。

古代DNA"淘金热"

到2023年，古人类基因组被测序总数已超1万个。第一个古人类基因组是在2010年被测序的，样本来自约4000年前生活在格陵兰岛上的一名男子。在这1万个被测基因组中，有超2/3来自欧洲和俄罗斯，非洲基因组只占总数的3%。造成这种不平等的部分原因在于，从大约1.2万年前，也就是最后一个冰河时代结束的时候开始，欧洲人的化石样本就十分丰富了。而且因为年代最近，这些样本往往保存了更高质量的DNA。

人类起源简史：破译700万年人类进化的密码

始于非洲的扩张

智人并非第一个走出非洲的古人类物种。至少我们知道，匠人离开了非洲大陆，抵达了亚洲，在那里我们称他们为直立人。然而科学家们怀疑，在我们的进化过程中，古人类可能曾数次离开非洲，这也许和生态变化、气候变迁以及海平面下降所提供的便利有关。人们甚至可能在走了一圈之后又回到非洲。

为追踪智人在全球的迁徙，科学家们大致有三种办法：智人的DNA，智人的骸骨化石以及他们留下的文物。这是个复杂的主题，因此也会触及一些令人困惑甚至是相互矛盾的证据。人类似乎曾多次出走（也就是所谓的"脉冲"），这似乎才能解释为什么有些化石证据如此令人费解，例如在希腊发现的距今21万年前的阿皮迪马1号智人头骨。但在13.5万到7.5万年前，非洲热带地区经历了一次"特大干旱"，导致世界上最深湖泊之一的马拉维湖（Lake Malawi）水位下降了至少600米。科学家们认为，这种剧烈的生态变化迫使人类离开非洲，去找寻更湿润和温和的生存环境。

遗传证据表明，在8万到6万年前曾发生过一次大规模的迁徙，至少这是最成功的一次。这个群体是单倍群L3的一部分，可能只有几百人。他们有可能取代了之前出走的人类族群。

在最近一次走出非洲的大规模迁徙中，人类向北抵达北非，有些人进入西非，另一些人则通过黎凡特走廊穿越欧亚大陆进入中东，然后朝西北迁徙到欧洲。与此同时，另一群人踏上了去往非洲之角的道路。在那里，这群人中的一部分沿着海岸线去往亚洲，一部分向北前行，还有些人则占据东南亚，随后往南迁移至澳大利亚。

那些穿越非洲之角向北前行的人群，其路线也各不相同，一些人去了欧洲，另一些人则穿过中国和更北的地方。在3.4万年到1.5万年前，地球的最北端更干燥些，现已淹没海中的白令陆桥还可以通行，连接了俄罗斯和北美的土地。人类穿越北美后进入南美，此后继续往南行进。大约1.4万年前，南美洲成为智人最后占领的一块大陆。

不过，人类花了很多年才抵达新西兰。约700年前（公元1300年左右），此地才有了最早的人类居住的证据。

第11章　首饰、葬礼和仪式

19世纪晚期，要确定谁属于人类十分容易，那时候的我们只知道智人，想不到远古祖先的遗骸还被埋在石头里亟待发掘。这些古人类遗骸化石及其相关文物彻底颠覆了我们关于人类的许多假设。古人类学界对于如何定义现代人存在分歧：到底是根据他们的形态以及他们的骨头体现出的身体能力来决定谁是人类，还是对其文化做出价值判断，即看他们是否具有能让我们成为文化意义上的人类的那些特征？至今，这一问题仍没有定论。

本来，我们以为只有人类是双足行走的，可有假说认为直立人也可以到处行走；艺术曾被认为是人类的领域，可后来知道尼安德特人也可能进行艺术创作，并且几乎可以肯定他们创造了首饰。同样，我们的大脑袋曾是人类的标志，但现在发现我们的几个近亲也有大脑袋。很多年来，语言及复杂的交流也被看作是人类的标志，但现在学界猜测尼安德特人也会说话交谈。对工具的使用也曾一度被认为是人类的特征之一，但在非洲东部发现的石器将这个时间往前推了330万年！

那还有什么是让人类的行为与技术和之前所有文化区分开来的呢？

最古老的阿舍利工具，即在手斧上发现的独特的梨形两面石，其历史已有约170万年之久。32万至30.5万年前，非洲东部的古人类种群经历了一次显著的技术转变。人们舍弃笨重的阿舍利工具，开始用锋利的石片制造工具。这些石片可被制成各种刀刃以及箭头。这期间，骨质材料的运用也开始了。

古人类学家在肯尼亚的奥罗格赛利遗址出土了一些黑曜石工具，这些原始的黑色火山岩只可能来自几英里外的地方。他们还发现了用来制作颜料的黑色和红色石头，以及一些制作更为精良的工具。这些新事物说明其认知能力有所提高，如规划能力、技术创新等，甚至可能存在远距离的黑曜石贸易网（尽管学者们对此观点持保留态度）。

这项技术一直持续到5万年前，此期间在非洲被称为中石器时代（the Middle Stone Age）。向中石器时代过渡的阶段也是自然景观及哺乳动物种群急剧变化的时代，许多大型物种突然消失。这一时期的工具制造者学会了往自己的石质及骨质工具上安装手柄。整个中石器时代的文物都显示出一种渐进的且持续性的技术创新。相比之下，尼安德特人的莫斯特技术倒是一直非常稳定，没有经历过如此迅速的转变。

投射兵器是人类武器库的一个显著特点。这类武器制作十分复杂，需要将锋利的尖端牢牢固定在一个轴上。与以往的刺矛相比，这些新武器有极大的优势，可以让使用者远离受伤的大型动物及其他带有攻击性的人类。有学者将这些投射兵器称为"使能技术"（enabling technology），因其很可能使得人类与其猎物及其他人类竞争对手相比有了显著优势。

大约50万年前，在南非的卡苏潘，人们已开始制造有柄且带有石尖的狩猎长矛，用来刺穿动物或敌人。德国的舍宁根长矛也有着约30万年的历史。而投掷长矛的出现是一个巨大的技术飞跃，为持枪者提供了许多好处。这种武器使得投掷长矛的人类不会遭受在尼安德特人骨头上发现的那些撞击伤。

早在27.9万年前，生活在埃塞俄比亚大裂谷里的人类就开始打造尖锐的石质制品用作投射兵器。科学家们根据这些器物的形状、细小的裂缝以及损伤模式得出了这一结论。随着越来越多的人类依靠这种新式武器获得竞争优势，此后的考古记录中，此类活动逐渐普遍。

大部分人类的技术创新出现在非洲。不过令人困惑的是，印度金奈（Chennai）附近的发现却表明，世界其他地区的人类也会使用复杂的兵器制造技术。[65]这里出土的7000多件石器包括刀刃和可能是矛尖的制品，其年代至少有25万年。这比人们曾以为该地区可能出现这种技术的时间要早很多。对此，有些理论或可以解释：有可能早期人类开发出此类复杂技术的时间比我们想象的更早，也有可能智人离开非洲的时间比我们想象的更早。

人类的大脑

大约700万年前，乍得沙赫人的大脑比一罐可口可乐大不了多少，只有约370毫升。500万年时间里，人类的大脑逐渐增大，直到200万年前脑容量获得了巨大的飞跃。我们认为这种脑容量的飞升——相对于体型而言——导致了认知能力的巨大提升，因为当时古人类的技术变得越来越复杂了。

现代人类平均有860亿个大脑神经元，这个数目是其他灵长类动物的两倍还多，但我们认知能力的来源远不止神经元的数量。2020年的一项研究分析了123种哺乳动物（包括美洲驼、海豚，当然还有人类）的大脑连接，发现这些物种大脑的连接组（即神经连接图）中的连接模式具有大致相同的布线设计。[66]但在更早的一项研究中，通过比较人类与黑猩猩的脑连接组，发现人类有着33个特有的连接（约占总数的6%）。[67]与黑猩猩和人类共享的其他连接相比，这些特有的连接更长，对整个大脑网络的效率来说也更重要。

布洛卡区

1865年，法国医生皮埃尔·保罗·布洛卡（Pierre Paul Broca）描述了两名病人的病例，这两位病人都失去了正常说话的能力，而且其大脑同一部位都有损伤。从此，这一区域便被称为"布洛卡区"。它位于大脑的额叶，与语言处理及交流相关。科学家们曾发现大脑的其他部分也参与到语言处理过程中，不过现在这些区域也都被划归到布洛卡区里。

这些较长的连接使得大脑内可建立起远距离联系，从而有可能让人类得以更高效地整合来自大脑各部分的信息。

黑猩猩和人类的一个显著区别在于，人类大脑中有个名为"布洛卡区"的区域有着更专门的连接用途。研究作者认为，人类大脑语言处理区的神经连接密度促进了人类进化谱系中有关复杂语言的进化。

然而人类和尼安德特人的脑容量差不多，是什么让我们人类脱颖而出，做到我们的表亲们做不到的事情呢？

一方面原因或许在于形状。我们的大脑要圆得多，而尼安德特人和他们之前的古人类头部都相当狭长。有观点认为，我们的头骨改变了形状以适应大脑某些区域的进化。人类的小脑（拉丁语中意为"小脑瓜"）更大。这个区域位于颅骨底部，控制着自主运动、平衡、运动技能以及语言。2022年的一项研究表明，TKTL1基因的突变使得人类祖先在额叶生成了额外的神经元。[68]额叶位于前额后面，是四个脑叶中最大的那个。它涉及更高层次的执行功能如计划、冲动控制及社会互动等。然而，在2023年，另有一些科学家做出回应，质疑其研究结论，声称在现代人群中也可以找到公认的尼安德特人的变异型。

因此，尽管人类和尼安德特人的脑容量可能相近，但其形状和功能分配却不同，这也使得人类比起他们的表亲更具竞争优势。

复杂文化的发展

虽然科学家们对尼安德特人的认知能力总是争论不休，对如何认定他们的文化遗存也意见不一，但对人类的研究不存在这些问题。我们知道，咱们这个物种从以前到现在都能够进行象征性的复杂思考。

只是我们不确定这一能力的确切起源。这似乎是随着时间发展而来的一种特征，而不是一下子就形成了。目前，最早的人类化石位于摩洛哥、埃塞俄比亚和南非，但我们并没有在这些遗骸旁发现特别复杂的技术。这种缺失说明，身体的进化与认知的进步并不一定同步。

虽然最古老的人类化石已有31.5万年历史，但又过了10万年我们才在考古记录中看到一些具有现代性的行为出现。目前，许多此类发现都集中在南非，要么位于夸祖鲁-纳塔尔省

（KwaZulu-Natal）内陆地区的考古遗址，要么就是在其东南的沿海地带。

在夸祖鲁-纳塔尔省靠近边境的洞穴里，20万年前，古代人类就知道在床上铺垫子了。草垫子上点缀着阔叶樟树木炭，可以赶走爬行的昆虫，以防它们钻到床上来。与此同时，在南非东海岸，夸祖鲁-纳塔尔省以南约1000千米外的克拉西斯河（Klasies River）边，人们发现12万年前，这里沿海星星点点的洞穴中就有人类居住的痕迹。不仅如此，研究人员还在这里发现了最古老的人类烘烤植物块茎的证据，而淀粉中的碳水化合物正是大脑发育至关重要的物质。

10.5万年前的卡拉哈里沙漠更深处，古代人类收集到22颗白色的方解石水晶，并把它们带到加莫哈拿山（Ga-Mohana Hill）中的岩石避难所里。这些水晶看起来并没有什么实际用途，但它们是被有意带进来的，一起被发现的还有石器、贝壳、有屠宰痕迹的骨头以及鸵鸟蛋碎片。发现者认为，当时的人们使用贝壳来装水，毕竟那时的卡拉哈里沙漠还是一片郁郁葱葱的绿洲。

差不多同一时间，位于南非南部海岸的布隆伯斯洞穴（Blombos Cave）内，以前的人们在此建起了一座艺术加工作坊，生产一种液态的赭石混合物，并将其存放在鲍鱼壳里。科学家们认为这些文物已有10万年的历史。除了这个涂料套装，研究人员还发现了制作它所需的工具：赭石、骨头、木炭、磨刀石以及石锤。

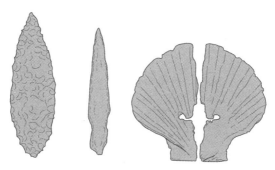

图14　有关智人早期复杂文化的一些最古老证据是在南非南开普地区被发现的。

大约7.7万年前起，南非的考古记录中事物的创新及复杂性开始涌现。这些创新包括骨质工具、珠子、赭石、鸵鸟蛋壳，以及由多种成分制成的胶水。有两个著名的技术体系以斯蒂尔湾（Still Bay）和荷威森普特（Howiesons Poort）的最初发现为基础，不过后续这些技术的例子在其他许多地点也有发现。前一个文化在南非沿海地区被发现，其文化特点是两面尖状器；而后一个几乎只使用石刀或小石叶。但奇怪的是，到了"后荷威森普特"时期，很多文物缺乏我们在这个文化里看到的创新。[69]

约7.5万年前，布隆伯斯洞穴中的居民会把贝壳串成珠子，并在赭石石板上刻画出纵横交错的几何图案。同样位于南部海岸的平纳克尔角（Pinnacle Point），古人类已开始对石材进行热处理，以提高其剥落性能，进一步提升他们的工具制造水平。

同时，已知最古老的石质箭头和骨质箭头[1]可能来自夸祖鲁-纳塔尔省的西布杜洞穴（Sibudu Cave），年代分别为6.4万年前和6.1万年前，同时发现的还有世界上最早的针（距今6.1万年）。西布杜洞中出土的文物就包含着荷威森普特技术的实例。

在非洲和中东的其他地区，也有类似"现代"行为的例子，只是没有一个能像非洲南部遗址那样丰富。

在北非距今13万到6万年前的遗址中，考古学家们发现了南非没有的石器，如带柄的石器。制造者在柄上安装把手。不过，这种技术并没有出现在南方，而南方发现的那些热处理过的薄石

---

[1] 原文为 stone and arrow heads，并未提到骨质，应为笔误。——译者注

刀在北方也没见到。

除此之外，考古学家在以色列斯虎尔地区距今13.5万至10万年前的沉积层中出土了穿孔贝壳以及早期人类的遗骸。据考古学家称，这些贝壳不到2厘米长，并非产自这个古老的洞穴。这些贝壳都属于海洋生物，身上都有相似的洞。但斯虎尔距离海洋相对较远，因此研究人员认为，它们是经过精心挑选并穿孔后才被带到此地的。与此类似，在阿尔及利亚德耶巴纳河（Oued Djebbana）的一处遗址中也发现了约有10万年历史的贝壳，而在那个地质时代（上更新世，the Upper Pleistocene），该遗址距离海岸起码有190千米远。

摩洛哥鸽子洞遗址出土的证据就没那么有争议了。8.2万年前，那里的人们将贝壳串在一起，很可能是在制作首饰。与布隆伯斯发现的贝壳串珠类似（比此处晚约7000年），这些贝壳串也被红色的赭石颜料所覆盖。许多人认为，在几个地理位置相隔如此遥远的地方都发现了珠子，表明在非洲和黎凡特地区曾有一个持久且广泛的珠子加工传统。

然而，要想识别其他地区的文化现代性就没这么容易了。在欧洲，我们无法将特定的文物甚至艺术品归类到某个特定的族群头上。此外，我们也不知道当时存在的那些人属物种是否在与人类的互动中习得了这些技术并改变了自己的行为。但是，正如有些学者所认为的那样，如果其他人属物种能够学习这些行为，那么这就不是人类所特有的，其他物种也能够以这样"现代"的方式行事。

从大约5万年前开始，我们可以看到艺术、工具和珠宝首饰等形式出现在人类的文化遗存中。当然也可能这些在更早时期就已存在了，就像希腊的阿皮迪马1号化石那样，什么情况都有可能发生。

在亚洲所发现的行为现代性还要更复杂些。毕竟在差不多同一时期，亚洲可能存在着很多古人类群体：丹尼索瓦人、弗洛勒斯人、吕宋人，以及在中国新发现的龙人（尽管有许多针对其是否确实是一个新物种的争议）。

然而很清楚的是，人类大约在4万年前就已出现在亚洲。在中国北部的下马碑遗址，发掘出一个小型的赭石加工车间，里面满是准备装在柄上的石刃工具，以及一件骨质工具。目前为止，这是亚洲已知最早的颜料制作及此类工具遗存。

有意识地安葬

约7.8万年前，有人在肯尼亚潘加亚赛迪（Panga Ya Saidi）的洞穴中挖了一个浅圆形的墓穴，将一名两岁孩子身体右侧朝下放了进去，将其膝盖蜷向胸部。墓穴位于现在洞穴地面下方3米深的地下，科学家们将发现的这个孩童命名为姆托托（Mtoto，当地斯瓦里希语，意为"孩子"）。

发现者说，肋骨和脊柱的位置表明，尸体就是在坑里腐烂的。科学家们声称，被发现时紧紧包裹如胎儿般的姿势是靠某种裹尸布固定的，而且头部曾有个临时枕头支撑。[70]换句话说，姆托托是被人特意安葬的。

姆托托在含有中石器时代工具的沉积层中被发现，这些工具意味着他是智人。另外，他的牙齿也表明其的确是人类。

这是我们所知的非洲最古老的有意识埋葬的例子，这也是一种明显的人类行为。（目前还不清楚尼安德特人是否会特意安葬死者，该问题远未定论。）只是非洲的葬礼遗存相对较少，古人类学家对此颇为不解，毕竟这里可是我们人属的发源地。

从大约80万年前开始，考古记录中出现古人类处理死者的各种方式。一些早期古人类可能会同类相食。有学者怀疑，约78万年前西班牙的格兰多利纳，有先驱人吃掉了几个青少年及孩童。约30万年后，同在阿塔皮尔卡山脉中，早期的尼安德特人将尸体扔进西玛德洛斯赫索斯的深洞中。而数千千米外的南非明日之星洞穴地区，在33.5万到23.6万年前，大量的纳勒迪人被放置在一处狭小的洞穴里。发现这些标本的科学团队认为，纳勒迪人是有意地埋葬了这些死者，只是这一发现还需同行评审。

不管怎么说，葬礼是非常独特的行为。在一个以争论著称的学科中，这也是一个令人困扰的话题。有意识地埋葬死者不仅仅是为了躲避食腐动物或避免周围出现腐烂的尸体。要特意地将尸体埋葬，需要个人或群体投入额外的时间和资源，但又不是出于必要的原因。这些行为可以是将尸体放置成一个特定的姿势，或是包裹住他们，抑或是放置一个纪念品。这种行为已超越了对尸体的简单处理，进入象征主义领域，而且目前这也被认为是只有人类才会做的事。

在姆托托之前，非洲已知最古老的人类墓葬位于南非的边境洞穴（Border Cave），在那里发现了一名6个月大的婴儿遗骸。这名婴儿被埋在7.4万年前的沉积层中，比姆托托年轻好几千年。

与之前被认为是有意识安葬的例子不同的是，边境洞穴婴儿与一种名为贝尔斯托芋螺（Conus bairstowi）的海蜗牛壳葬在了一起。贝壳上存有独特的痕迹，表明它曾经经常被戴在某人的脖子上。

然而，姆托托和边境洞穴婴儿并不是人类记录中最古老的墓葬，它们只是非洲最古老的人类有意识安葬死者的案例。在以色利卡夫扎发掘出的集体墓葬才是人类有意识埋葬的第一个例子。在卡夫扎的洞穴内共发现了15具解剖学意义上的现代人遗骸，年代大约在9.2万年前。其中一半以上是儿童。一个十一二岁的男孩被安置在一个长方形的坟墓中，他的胳膊抱着身体，双手紧握住脖子，胸前还放着鹿角。研究人员还在此地找到70多块赭石，并认为它们都是在葬礼上使用的。

就目前的发现来看，人类的考古记录中，儿童墓葬的比例极高。虽不确定是为什么，但有学者认为，许多狩猎采集部落认为儿童的死亡是"不自然的"，因此会在安葬孩童的仪式上特别尽心。

就我们所知，葬礼仍然是一种明显的人类行为。向死者告别这样刻意且富有象征性的行为依然是现代人的一个标志，将我们与血统中所有的祖先区别开来。

第12章　一些大问题

在30万到10万年前，地球上还有许多人类物种行走，可如今只剩下了我们：智人，并且还不知道原因。这就是人类进化中的一个大问题：其他人都发生了什么？

从前，纳勒迪人穿行在南非摇篮地区林木繁茂的草原上。早期智人出现在摩洛哥，而罗得西亚人（也被称为博多人或海德堡人）生活在非洲中部和南部。眉毛浓密的尼安德特人占据着欧洲，并在亚洲和丹尼索瓦人开展互动。吕宋人和体型较小的弗洛勒斯人在各自的岛屿上挣扎求生，直立人还在印度尼西亚的部分地区游荡，龙人生活在中国。甚至可能还有更多我们不知道的物种，特别是那个在遗传密码中存在的幽灵族群。可是，到了约4万年前，智人就从这个庞大且多样的两足人群体中脱颖而出，成了最后一个幸存的物种。

而人类的到来或许就是这些古人类群体惨遭巨变以至灭绝的原因。导致其他古人类灭亡的原因是多方面的，一种假设是，具

人类起源简史：破译700万年人类进化的密码

有先进技术且具有侵略性的智人在遇到当地古人类种群时将其杀死。虽然在某些情况下，这确实有可能发生，但越来越多的证据表明，情况并非如此。

首先，人类似乎是从非洲的多个种群中产生的，甚至在离开非洲大陆之前，他们有可能已经遇到过其他人类族群并与之杂交。这些人类种群彼此生活在数千千米远的地方，不管从生物角度还是技术角度都适应了各自不同的环境。当这些族群相互碰到时，他们能够分享彼此的创新与文化，以及遗传物质。

然而，也有可能因为气候条件的变化导致了资源减少，所以人类不得不与其他物种直接竞争以争夺有限的资源。或者，在面对环境波动时，人类更富于韧性，而其他物种可能就此灭绝。

有关人类灭绝的"气候变化"假说正在流行开来。有研究人员称，是"懒惰"以及无法适应新环境造成直立人在亚洲的灭绝。根据其说法，直立人依赖于方便获取的石头为工具，在漫长的物种历史中没有得到真正的进化。随着资源日渐稀缺，整个物种再也无法适应，就此灭绝。

2022年一项研究模拟了古代气候以及直立人、海德堡人和尼安德特人的生态位，表明这些物种在走向灭绝之前，失去了很大一部分环境舒适区。[71]对所有物种来说，气候都变得越来越冷。对海德堡人和尼安德特人来说，气候变得更加干燥。对直立人来说，气候似乎又开始湿润过头了。这些气候变化会对他们的食物来源产生连锁反应，导致其食物减少，拿动物来说，它们可能会开始迁徙。

由于气候变化，直立人和海德堡人失去了近一半的生态位，尼安德特人则减少了约1/4。随着对资源的竞争加剧，更加狡猾且富有韧性的智人可能凭借着投掷长矛和弓箭等创新技术占据了上风，要么是因为我们有更好的装备杀死了对手，要么是因为我们战胜了他们。

有学者认为，智人的腿更长且更轻巧，这是我们比起其他人属物种的优势。尼安德特人的腿骨较短，跟腱较长，从形态上来说他们更擅长短跑和爬山，因此他们也更适合在其居住的寒冷森林地带进行狩猎。而智人则可以轻轻松松地迈出大步。如果气候变化迫使尼安德特人离开森林进入开阔地带，他们将不得不调整自己的狩猎策略。最终，大踏步走路的智人在二者的竞争中成功胜出了。

另一种可能性是，智人通过与其他物种杂交而使其灭绝。现在，有大量证据证明，智人与尼安德特人及丹尼索瓦人有后代，因为我们的DNA中有他们的基因痕迹。欧亚大陆的一些人群中有着高达2%的尼安德特人基因，而美拉尼西亚人则拥有高达5%的丹尼索瓦人基因。一个神秘的人类始祖为生活在西非的人们贡献了2%到19%的遗传基因。然而，令人不解的是，在目前已测序的30多个尼安德特人基因组中，没有任何人类的DNA。当然，这有可能只是抽样偏差。同时相当奇怪的是，现代人体内也没有尼安德特人的线粒体DNA。有种理论认为，由于线粒体DNA是母系遗传的，所以只有尼安德特男性与智人女性的结合能生下存活的后代，并且男性杂交后代的生育能力较低。

就尼安德特人而言，许是一些先天疾病导致其体弱多病，进而种群数量减少，最终不如智人有竞争力。遗传证据还表明，尼安德特人生活在小型社区内，族群间很少迁徙。因此，如丹尼索瓦洞穴里的阿尔泰尼安德特女孩，其父母可能是半同胞的兄弟姐妹，而这在其族群中并不少见。如果近亲繁殖在尼安德特人中是常见行为，那么他们极易患上遗传疾病。

不过，人类群体不断吸取其他古人类DNA确有可能导致其他物种的消失。

正如多年前的非洲一样，这种生物及文化上的同化也可能给予人类以竞争优势。当地的人类物种已在其地区生活了数千年，大概率已适应了当地环境条件。而杂交的智人后代则可以获得进化过的体征，以及精挑细选后的社会行为，使其能够更好地在各种不同的气候与环境下生存。正是这种韧性使得智人在气候变化的情况下幸存下来。

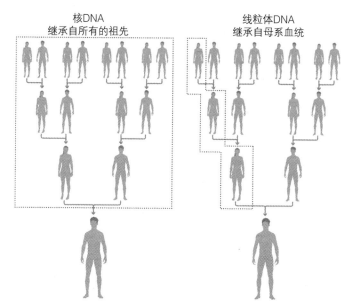

图15 孩子会继承双亲的核DNA，但线粒体DNA只会从母亲传给孩子。

人类还在进化吗?

简而言之，是的。每当一个孩子出生时，他或她的DNA都含有小的突变。而这种突变正是物种进化的基石。那么，我们是如何变化的，这样的变化有多快?

有几种力量会促使进化产生，包括突变（mutation）、自然选择（natural selection）、遗传漂变（genetic drift）以及基因流（gene flow）。自然选择情况下，对环境适应性更好的个体更有可能生存下来并繁衍后代。而当一个种群中现有基因的变异频率随机发生变化时（使得曾经常见的变异变得罕见，或不常见的变异变得普遍），就会发生遗传漂变。当不同种群杂交时，基因流就出现了。然而，现代人类拥有其他的进化工具，即技术与文化。通过控制周围环境与自身身体，我们正在改变我们进化的方式。

科学家们一致认为，现如今我们的进化速度比历史上任何时候都要快。2007年的一项研究发现，在过去的4万年里，人类进化的脚步加快了，尤其是自1万年前开始农耕以来。[72]有一部分原因其实就只是因为我们的人口总量变大了。地球上现在有超80亿人，其中许多人生出的小孩一出生其基因就携带有突变。大多数突变只是生命密码中的小段插曲，基本上没几个是对人体有益的。不过，当人们发现自己处在新的环境中时，有趣的事情就发生了。这种情况下，大的群体能够更快地以新突变的形式对环境变化做出应答。但是，尽管现代人迁徙的规模比历史上任何时候都要大，我们却并没有融合成一个单一的同质基因库，而且不同地区的人在基因上越来越不同。

此外，技术与文化的创新例如抗生素和清洁的水，意味着我们的寿命会更长，因此生孩子的年龄也会更晚。年长男性的后代往往会产生更多的基因突变。有学者认为，随着智人寿命的不断延长，我们的生育年龄可能也会因进化而延长。

在最近的历史中，我们可以看到，许多族群以他们独特的方式进化适应了其居住环境，而其他族群却做不到。例如，生活在西伯利亚地区的族群更能在极寒的天气中生存：他们可以利用自己的棕色脂肪组织产生热量；某些情况下，他们的身体还可以舒张自己的血管，以增加皮肤附近温暖血液的流动，以免被冻伤。

而东南亚的巴瑶人（Bajau people）可以潜入水下70多米深，凭借一次呼吸就能采集贝类或捕鱼。他们可以屏住呼吸达好几分钟的时间，而普通人只能屏住呼吸30到90秒。巴瑶人体内的

PDE10A基因发生了变化，使得其脾脏几乎是当地其他族群的两倍大，成为一个富氧红细胞的贮藏库。

另一个适应性进化则是喝牛奶的能力。当我们出生时，基本所有人都能够产生乳糖酶，这是一种能分解牛奶中乳糖的酶。我们也是唯一一种成年后还能保留此能力的动物——尽管也不是每个人都能做到。当非洲撒哈拉沙漠以南、阿拉伯，以及欧洲的古人开始饲养牛和骆驼来获取牛奶时，他们的基因便分别独立地发生了突变，使他们在成年后能够继续产生乳糖酶。不过，还是有大约2/3的人有着某种形式的乳糖不耐受。

另外，科学家们还认为，苍白的皮肤也是相对较新的一种适应性进化。当人类的祖先为了更好地调节体温而褪去毛发后，他们的皮肤也变黑了。深色皮肤可以防止紫外线辐射，减少DNA损伤，这是生活在阳光充足的非洲及赤道地区的人们所需要的。但随着智人往北迁徙到更寒冷的区域，他们对紫外线防护的需求减少了，对产生维生素D的需求却增加了。人体能依靠阳光产生维生素D，而这对肤色较浅的人来说更容易。维生素D是调节人体内钙和磷酸盐含量所必需的一种维生素。

其他人类物种DNA的存在也可能发挥作用。2017年的一项研究发现，尼安德特人的DNA会影响当今欧洲人的肤色、发色、身高以及一些其他指标。[73]然而，这并不是一种简单的关联。研究人员在不同地区发现了多种突变影响着欧洲人的肤色与发色，形成了深浅不同的颜色。这也暗示着尼安德特人自身群体中存在基因突变。

疾病的流行也会给族群施加进化压力，许多例子都表明人们对疾病会产生遗传抗性。例如，比起刚完成城市化的人群，很早以前便迁入城市居住的人群更有可能对结核病和麻风病具有天然的抵抗力。而一些疟疾流行或曾经流行的地区，有些人的红细胞呈镰刀状，从而不适合引发疟疾的寄生虫居住。科学家们在一个7300年前的西非女孩身上找到了这种突变。

携带这种突变的孩子能够长大、繁衍后代以延续他们的血统，令他们从肆虐的疟疾中幸存下来的突变基因也遗传给了下一代。然而，这种突变却伴随着可怕的代价。如果父母双方都带有这种突变，他们的孩子就有1/4的概率感染镰状细胞病，导致其红细胞形状不同寻常。在最严重的情况里会导致镰状细胞贫血，患者的红细胞解体，使得他们的身体缺氧。

过去，就如这位有着镰状红细胞的西非女孩一样，这种突变对其生存有利，没有这种突变的族群人员则会死亡。今天，相反的情况也成立：有害的突变不一定会致死，所以它们仍被保留在基因库中。例如，由遗传疾病引起心脏缺陷可通过手术修复，患者甚至可以进行心脏移植。更普遍的例子是，眼镜使得视力不佳的人能够独立自主地生活，这在几千年前甚至几百年前都是不可能的。现在，对视力完全正常的选择压力变小了。

表观遗传学

某些情况下，变化的环境会对我们的基因产生相当快速的影响。基因本身并未改变，改变的是哪些基因在什么时候被表达。这个领域被称为表观遗传学，是一个新兴的研究领域。与遗传变化不同，表观遗传变化是可以被逆转的。

表观遗传的变化也可以传递给后代。2014年的一项研究发现，若母亲在怀孕前三个月吸烟，其新生儿的DNA就会发生表观遗传修饰，而非吸烟者所生的婴儿则不会出现这种情况。[74]

不过，科学家们还不确定表观遗传突变是如何在族群中以及世代间持续存在并影响遗传变异的。

疫苗的出现加速了免疫力增强的过程。因此，疫苗可以立即阻止人类特别是幼儿死于多种疾病，如麻疹和白喉，而不再需要等上个几十年、几百年甚至上千年的时间，等待遗传抗性性状最终融入整个群体中。世界卫生组织说，儿童接种疫苗是我们最成功以及最经济的公共卫生干预措施之一，挽救了数百万儿童的生命。

剖宫产的日益流行也可能改变了婴儿的头部及女性盆骨的大小。在这项能够挽救生命的医疗措施启用之前，臀部较窄的女性和头大的婴儿在分娩时都很难活下来。有研究表明，剖宫产使得新生儿大头以及窄盆骨的基因在基因库中被保留下来。[75]不过，不是所有科学家都信服这一点，我们可能还需要很多年才能确定这确实是一种趋势。

基因编辑的实践也可以减少某些疾病在人类群体中的流行，

不过这项技术充满争议，并且存在着安全及伦理方面的问题。

文化提供进化优势

人类会逐步适应他们的文化发展，目前飞速的技术进步，从人工智能到精准医疗都有可能会加速我们的进化。

有些我们现在认为是理所当然的创新，如改善后的环境卫生以及清洁的水，都是促进人类进化的因素。由于这些干预措施，我们才更有可能活到成年并生下后代。这增加了人类种群的数量，同时也增加了基因突变的普遍性。

文化与生活方式也在改造着我们的身体。智人进化出轻巧的骨骼以及可以快跑的双脚，使得我们比其他人属物种更具竞争优势。但现代人久坐不动的生活方式——随着农业的出现变得普遍，也会随着我们坐在办公桌及方向盘后的时间持续下去——正在降低我们的骨密度。这会导致我们骨折的可能性增加，尤其是在臀部。

我们的大脑似乎也在变小。尼安德特人和智人的脑容量一度十分相似，但我们的大脑似乎在2万到1万年前就到达了顶峰，就在农业出现之前。对此，我们还不确定原因。有学者认为，这是因为我们开始减少脂肪的摄取，而更多从淀粉中获取能量。脂肪与大脑发育密切相关，因此当我们开始少吃脂肪时，我们的大脑就会变小。另一些人则认为，我们对农业的依赖会导致因干旱和其他自然灾害而引发的饥荒。这种情况下，大脑袋的能耗显得十分浪费，因此我们进化出了更小的大脑。然而，2021年的一篇论文认为，在过去的几千年里，我们越来越依赖外部知识输入以及群体层面的决策，因此我们不再需要这么大的大脑以及它所带来的能量消耗。

后　记

人类是种非凡的生物。有些最简单的行为如直立行走、拿起笔写下电话号码、骑自行车，之所以能做到这些，是因为我们在几千年的进化过程中逐步适应并存活了下来。这些事情现在看起来是那么平凡，那么不值一提，以至于我们都觉得做到这些是理所当然的。

我们的心智能力与我们的身体适应性一起发展着，这使得我们能够自省并好奇地想知道：我们是谁？我们为什么在这里？神奇的大脑使我们能够记录我们的历史，发掘被遗忘的故事，并将所有这些信息整合到我们对世界的理解，以及对我们所处位置的判断之中。

探索我们的起源或许是最典型的人类活动之一。好奇心、创新、技术、社会参与、想象力和同理心，我们发展出这么多的技能与适应能力才成为如此独特的人类。通过追踪几个世纪以来的调查，我们也可以看到作为一个物种，人类发生了多大的变化。

　　探索我们是谁以及我们从哪里来，是一项独特的人类事业，而正如我们自身一样，我们的故事也将持续地演化和改变下去。

重要发现时间线

1848年　尼安德特人（直布罗陀头骨）：直布罗陀巨岩

1856年　尼安德特人（尼安德特人1号头盖骨）：尼安德河谷，德国

1868年　智人（早期现代人类）：克罗马农，法国

1891年　直立人（爪哇人）：特里尼尔，爪哇

1908年　海德堡人：毛尔，德国

1912年　皮尔当人骗局

1921年　罗得西亚人（布罗肯山头骨）：卡布韦，津巴布韦

1924年　南方古猿非洲种（汤恩幼儿）：汤恩，南非

1929年　直立人（北京人）：周口店，中国

1938年　罗百氏傍人：克罗姆德拉依，南非

1959年　鲍氏傍人：奥杜瓦伊峡谷，坦桑尼亚

1964年　能人：奥杜瓦伊峡谷，坦桑尼亚

1972年　鲁道夫人：东图尔卡纳，肯尼亚

1974年　南方古猿阿法种（露西）：莱托利，坦桑尼亚

1975年　匠人：库比佛拉，肯尼亚

1978年　大荔人：陕西，中国

1995年　南方古猿湖畔种：西图尔卡纳湖，肯尼亚

1995年　始祖地猿：阿法尔，埃塞俄比亚

1996年　羚羊河南方古猿：加扎勒河，乍得

1997年　先驱人：格兰多利纳，西班牙

1999年　南方古猿惊奇种：波里，埃塞俄比亚

2001年　肯尼亚平脸人：洛迈奎，肯尼亚

2001年　图根原人：图根山，肯尼亚

2001年　卡达巴地猿：阿瓦什中部，埃塞俄比亚

2002年　乍得沙赫人：托罗斯-梅纳拉，乍得

2004年　弗洛勒斯人：弗洛勒斯岛，印度尼西亚

2010年　南方古猿源泉种：马拉帕，南非

2010年　丹尼索瓦人：丹尼索瓦洞穴，西伯利亚

2015年　纳勒迪人：明日之星洞穴，南非

2015年　南方古猿近亲种：阿法尔地区，埃塞俄比亚

人类起源简史：破译700万年人类进化的密码

2019年　吕宋人：吕宋岛，菲律宾
2021年　龙人：哈尔滨，中国

注意：该列表反映出古人类学的复杂性。有时，标本被发现后时隔多年才被描述。也有标本其归属物种发生变化。另外，从发现标本到对其进行正式定义之间也会有时间上的滞后。该列表意在帮助您大致了解，不同的古人类物种是什么时候进入古人类学视野的，以及他们是来自哪里的。

人类祖先时间线

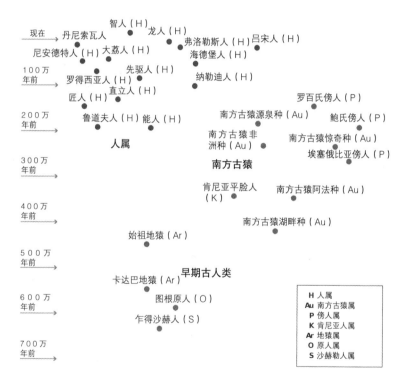

· 249 ·

参考文献

- - - - - - - - - - - -

1 'A parapithecid stem anthropoid of African origin in the Paleogene of South America' by Erik R. Seiffert, Marcelo F. Tejedor *et al.* (*Science*, Vol. 368, No. 6487, pp. 194–97, April 2020).

2 'The genetic basis of tail-loss evolution in humans and apes' by Bo Xia, Weimin Zhang *et al.* (*bioRxiv*, https://doi.org/10.1101/2021.09.14.460388, September 2021).

3 'Basal Primatomorpha colonized Ellesmere Island (Arctic Canada) during the hyperthermal conditions of the early Eocene climatic optimum' by Kristen Miller, Kristen Tietjen and K. Christopher Beard (*PLoS ONE*, https://doi.org/10.1371/journal.pone.0280114, January 2023).

4 'Initial sequence of the chimpanzee genome and comparison with the human genome' by Robert H. Waterson, Eric S. Lander and Richard K.

Wilson (*Nature*, Vol. 437, pp. 69–87, September 2005).

5 'Zoonomia' by Sacha Vignieri (*Science*, Vol. 380, Issue 6643, pp. 356–57, April 2023).

6 'Great apes use self-experience to anticipate an agent's action in a false-belief test' by Fumihiro Kano, Christopher Krupenye, Satoshi Hirata, Masaki Tomonaga, and Josep Call (*PNAS*, Vol. 116, No. 42, September 2019).

7 'Biochronology of South African hominin-bearing sites: a reassessment using cercopithecid primates' by Stephen R. Frost, Frances J. White, Hailay G. Reda and Christopher C. Gilbert (*PNAS*, Vol. 119, No. 45, October 2022).

8 'A new hominid from the Upper Miocene of Chad, Central Africa' by Michel Brunet, Franck Guy et al. (*Nature*, Vol. 418, pp. 145–51, July 2002).

9 'Nature and relationships of Sahelanthropus tchadensis' by Roberto Macchiarelli, Aude Bergeret-Medina, Damiano Marchi and Bernard Wood (*Journal of Human Evolution*, Vol. 149, December 2020).

10 'Postcranial evidence of late Miocene hominin bipedalism in Chad'

by Franck Guy, Guillaume Daver et al. (*HAL*, https://hal.science/hal-03037386, January 2021).

11 *Human Evolution: A Very Short Introduction* by Bernard Wood (Oxford University Press, 2019).

12 'U–Pb-dated flowstones restrict South African early hominin record to dry climate phases' by Robyn Pickering, Andy Herries *et al.* (*Nature*, Vol. 565, pp. 226-229, January 2019).

13 'New genetic and morphological evidence suggests a single hoaxer created "Piltdown man"' by Isabelle De Groote, Linus Girdland Flink *et al.* (*Royal Society Open Science*, Vol. 3, Issue 8, August 2016).

14 '*Australopithecus africanus*: the man-ape of South Africa' by Raymond A. Dart (*Nature*, Vol. 115, pp. 195–99, February 1925.

15 'Eagle involvement in accumulation of the Taung child fauna' by L. R. Berger, R. J. Clarke *et al.* (*Journal of Human Evolution*, Vol. 29, Issue 3, pp. 275–99, September 1995).

16 'Strontium isotope evidence for landscape use by early hominins' by Sandi R. Copeland, Matt Sponheimer *et al.* (*Nature*, Vol. 474, pp. 76–78, June 2011).

17 'Compound tool construction by New Caledonian crows' by A. M. P. von Bayern, S. Danel *et al.* (*Scientific Reports*, Vol. 8, October 2018).

18 'Wild monkeys flake stone tools' by Tomos Proffitt, Lydia V. Luncz *et al.* (*Nature*, Vol. 539, pp. 85–88, October 2016).

19 'Earliest Olduvai hominins exploited unstable environments ~ 2 million years ago' by Julio Mercader, Pam Akuku *et al.* (*Nature Communications*, Vol. 12, January 2021).

20 'Expanded geographic distribution and dietary strategies of the earliest Oldowan hominins and Paranthropus' by Thomas W. Plummer, James S. Oliver *et al.* (*Science*, Vol. 379, Issue 6632, pp. 561–66, February 2023).

21 'Bipedal steps in the development of rhythmic behaviour in Humans' by Matz Larsson, Joachim Richter *et al.* (*Music & Science*, Vol. 2, December 2019).

22 'Divergence-time estimates for hominins provide insight into encephalization and body mass trends in human evolution' by Hans P. Püschel, Ornella C. Bertrand *et al.* (*Nature Ecology & Evolution*, Vol. 5, pp 808–19, April 2021).

23 'Early Homo at 2.8 Ma from Ledi-Geraru, Afar, Ethiopia' by Brian Villmoare, William H. Kimbel *et al.* (*Science*, Vol. 347, Issue 6228, pp. 1352–55, March 2015).

24 'Chimpanzee genomic diversity reveals ancient admixture with bonobos' by Marc de Manuel, Martin Kuhlwilm *et al.* (*Science*, Vol. 354, Issue 6311, pp. 477–81, October 2016).

25 'Late Pliocene environmental change during the transition from Australopithecus to Homo' by Joshua R. Robinson, John Rowan *et al.* (*Nature Ecology & Evolution*, Vol. 1, May 2017).

26 'Impact of meat and Lower Palaeolithic food processing techniques on chewing in humans' by Katherine D. Zink and Daniel E. Lieberman (*Nature*, Vol. 531, pp. 500–503, March 2016).

27 'Homo erectus at Trinil on Java used shells for tool production and engraving' by Josephine C. A. Joordens, Francesco d'Errico *et al.* (*Nature*, Vol. 518, pp. 228–31, February 2015).

28 'Contemporaneity of *Australopithecus*, *Paranthropus*, and early Homo erectus in South Africa' by Andy I. R. Herries, Jesse M. Martin *et al.* (*Science*, Vol. 368, Issue 6486, April 2020).

29 'New hominin remains and revised context from the earliest Homo erectus locality in East Turkana, Kenya' by Ashley S. Hammond, Silindokuhle S. Mavuso *et al.* (*Nature Communications*, Vol. 12, April 2021).

30 'The earliest Pleistocene record of a large-bodied hominin from the Levant supports two out-of-Africa dispersal events' by Alon Barash, Miriam Belmaker, *et al.* (*Scientific Reports*, Vol. 12, February 2022).

31 'Hominin occupation of the Chinese Loess Plateau since about 2.1 million years ago' by Zhaoyu Zhu, Robin Dennell *et al.* (*Nature*, Vol. 559, pp. 608–12, July 2018).

32 'Dating the skull from Broken Hill, Zambia, and its position in human evolution' by Rainer Grün, Alistair Pike *et al.* (*Nature*, Vol. 580, pp. 372–75, April 2020).

33 'Evidence for the cooking of fish 780,000 years ago at Gesher Benot Ya'aqov, Israel' by Irit Zohar, Nira Alperson-Afil *et al.* (*Nature Ecology & Evolution*, Vol. 6, pp. 2016–28, November 2022).

34 'The discovery of fire by humans: a long and convoluted process' by J. A. J. Gowlett (*Philosophical Transactions of the Royal Society B,*

Vol. 371, Issue 1696, June 2016).

35 'Fire as an engineering tool of early modern humans' by Kyle S. Brown, Curtis W. Marean *et al.* (*Science*, Vol. 325, Issue 5942, pp. 859–862, August 2009).

36 'Morphology, pathology, and the vertebral posture of the La Chapelle-aux-Saints Neandertal' by Martin Haeusler, Erik Trinkaus *et al.* (*PNAS*, Vol. 116, No. 11, pp. 4923–27, February 2019).

37 'Articulatory capacity of Neanderthals, a very recent and human-like fossil hominin' by Anna Barney, Sandra Martelli *et al.* (*Philosophical Transactions of the Royal Society B*, Vol. 367, Issue 1585, pp. 88–102, January 2012).

38 'Neanderthals and Homo sapiens had similar auditory and speech capacities' by Mercedes Conde-Valverde, Ignacio Martínez *et al.* (*Nature Ecology & Evolution*, Vol. 5, pp. 609–15, March 2021).

39 'Differential DNA methylation of vocal and facial anatomy genes in modern humans' by David Gokhman, Malka Nissim-Rafinia *et al.* (*Nature Communications*, Vol. 11, March 2020).

40 'A mitochondrial genome sequence of a hominin from Sima de los

Huesos' by Matthias Meyer, Qiaomei Fu *et al.* (*Nature*, Vol. 505, pp. 403–406, January 2014).

41 'Nuclear DNA sequences from the Middle Pleistocene Sima de los Huesos hominins' by Matthias Meyer, Juan-Luis Arsuaga *et al. (Nature*, Vol. 531, pp. 504–507, March 2016).

42 'Dental evolutionary rates and its implications for the Neanderthal–modern human divergence' by Aida Gómez-Robles (*Science Advances*, Vol. 5, Issue 5, May 2019).

43 'Using genetic evidence to evaluate four palaeoanthropological hypotheses for the timing of Neanderthal and modern human origins' by Phillip Endicott, Simon Y. W. Ho and Chris Stringer (*Journal of Human Evolution*, Vol. 59, Issue 1, pp. 87–95, July 2010).

44 'Modeling Neanderthal clothing using ethnographic analogues' by Nathan Wales (*Journal of Human Evolution*, Vol. 63, Issue 6, pp. 781–95, December 2012).

45 'Direct evidence of Neanderthal fibre technology and its cognitive and behavioral implications' by B. L. Hardy, M.-H. Moncel *et al.* (*Scientific Reports*, Vol. 10, April 2020).

46 'Origin of clothing lice indicates early clothing use by anatomically modern humans in Africa' by Melissa A. Toups, Andrew Kitchen, Jessica E. Light and David L. Reed (*Molecular Biology and Evolution*, Vol. 28, pp. 29–32, January 2011).

47 'Neandertals on the beach: use of marine resources at Grotta dei Moscerini (Latium, Italy)' by Paola Villa, Sylvain Soriano *et al.* (*PLoS ONE*, https://doi.org/10.1371/journal.pone.0226690, January 2020).

48 'Last interglacial Iberian Neandertals as fisher-hunter-gatherers' by J. Zilhão, D. E. Angelucci *et al.* (*Science*, Vol. 367, Issue 6485, March 2020).

49 'The evolution and changing ecology of the African hominid oral microbiome' by James A. Fellows Yates, Irina M. Velsko *et al.* (*PNAS*, Vol. 118, No. 20, May 2021).

50 'Human oral microbiome cannot predict Pleistocene starch dietary level, and dietary glucose consumption is not essential for brain growth' by Miki Ben-Dor, Raphael Sirtoli and Ran Barkai (*PNAS*, Vol. 118, September 2021).

51 'Reply to Ben-Dor et al.: Oral bacteria of Neanderthals and modern

humans exhibit evidence of starch adaptation' by Christina Warinner, Irina M. Velsko and James A. Fellows Yates (*PNAS*, Vol. 118, No. 37, September 2021).

52 'Oldest cave art found in Sulawesi' by Adam Brumm, Adhi Agus Oktaviana *et al.* (*Science Advances*, Vol. 7, Issue 3, January 2021).

53 'The Châtelperronian Neanderthals of Cova Foradada (Calafell, Spain) used imperial eagle phalanges for symbolic purposes' by Antonio Rodríguez Hidalgo, Juan Ignacio Morales, *et al.* (*Science Advances*, Vol. 5, Issue 11, November 2019).

54 'Pluridisciplinary evidence for burial for the La Ferrassie 8 Neandertal child' by Antoine Balzeau, Alain Turq *et al.* (*Scientific Reports*, Vol. 10, December 2020).

55 'Denisovan DNA in Late Pleistocene sediments from Baishiya Karst Cave on the Tibetan Plateau' by Dongju Zhang, Huan Xia *et al.* (*Science*, Vol. 370, pp. 584–87, October 2020).

56 'Denisovan DNA in Late Pleistocene sediments from Baishiya Karst Cave on the Tibetan Plateau' by Dongju Zhang, Huan Xia *et al.* (*Science*, Vol. 370, pp. 584–87, October 2020).

57 'Late Middle Pleistocene Harbin cranium represents a new Homo species' by Qiang Ji, Wensheng Wu *et al.* (*The Innovation*, Vol. 2, Issue 3, August 2021).

58 'Age of the oldest known *Homo sapiens* from eastern Africa' by Céline M. Vidal, Christine S. Lane *et al.* (*Nature*, Vol. 601, pp. 579– 83, January 2022).

59 'Deciphering African late middle Pleistocene hominin diversity and the origin of our species' by Aurélien Mounier and Marta Mirazón Lahr (*Nature Communications*, Vol. 10, September 2019).

60 'Apidima Cave fossils provide earliest evidence of *Homo sapiens* in Eurasia' by Katerina Harvati, Carolin Röding *et al.* (*Nature*, Vol. 571, pp. 500–504, July 2019).

61 'The earliest modern humans outside Africa' by Israel Hershkovitz, Gerhard W. Weber, *et al* (*Science*, Vol. 359, Issue 6374, pp. 456–59, January 2018).

62 'Mitochondrial DNA and human evolution' by Rebecca L. Cann, Mark Stoneking and Allan C. Wilson (*Nature*, Vol. 325, pp. 31–36, January 1987).

63 'An African origin for the intimate association between humans and *Helicobacter pylori*' by Bodo Linz, François Balloux *et al.* (*Nature*, Vol. 445, pp. 915–18, February 2007).

64 'Recovering signals of ghost archaic introgression in African populations' by Arun Durvasula and Sriram Sankararaman (*Science Advances*, Vol. 6, Issue 7, February 2020).

65 'Early Middle Palaeolithic culture in India around 385–172 ka reframes Out of Africa models' by Kumar Akhilesh, Shanti Pappu *et al.* (*Nature*, Vol. 554, pp. 97–101, February 2018).

66 'Conservation of brain connectivity and wiring across the mammalian class' by Yaniv Assaf, Arieli Bouznach *et al.* (*Nature Neuroscience*, Vol. 23, pp. 805–808, June 2020).

67 'Evolutionary expansion of connectivity between multimodal association areas in the human brain compared with chimpanzees' by Dirk Jan Ardesch, Lianne H. Scholtens *et al.* (*PNAS*, Vol. 116, No. 14, pp. 7101–06, March 2019).

68 'Human TKTL1 implies greater neurogenesis in frontal neocortex of modern humans than Neanderthals' by Anneline Pinson, Lei Xing

et al. (*Science*, Vol. 377, Issue 6611, September 2022).

69 'A 100,000-Year-Old Ochre-Processing Workshop at Blombos Cave, South Africa' by Christopher Henshilwood, Francesco d'Errico, *et al.* (*Science*, Vol. 334, Issue 6053, pp. 219–22, October 2011).

70 '78,000-year-old record of Middle and Later Stone Age innovation in an East African tropical forest' by Ceri Shipton, Patrick Roberts *et al.* (*Nature Communications*, Vol. 9, May 2018).

71 'Climate effects on archaic human habitats and species successions' by Axel Timmermann, Kyung-Sook Yun *et al.* (*Nature*, Vol. 604, pp. 495–501, April 2022).

72 'Recent acceleration of human adaptive evolution' by John Hawks, Eric T. Wang *et al.* (*PNAS*, Vol. 104, No. 52, December 2007).

73 'The Contribution of Neanderthals to Phenotypic Variation in Modern Humans' by Michael Dannemann and Janet Kelso (*The American Journal of Human Genetics*, Vol. 101, pp. 578–89, October 2017).

74 'Identification of DNA methylation changes in newborns related to maternal smoking during pregnancy' by Christina A. Markunas,

Zongli Xu *et al.* (*Environmental Health Perspectives*, Vol. 122, No. 10, October 2014).

75 'Cliff-edge model of obstetric selection in humans' by Philipp Mitteroecker, Simon M. Huttegger *et al.* (*PNAS*, Vol. 113, No. 51, December 2016).

致　谢

- - - - - - - - - - -

　　写书是需要一个团队的，尤其是写科学类书籍。感谢我的编辑乔·斯坦斯托尔和蓓卡·赖特给予我的指导与耐心；感谢我那鹰眼一样敏锐的文字编辑海伦·康伯巴奇；感谢我那一丝不苟的校对编辑莫妮卡·霍普；感谢各位专家读者的思考及指正（有任何不准确的地方，责任在我）；还要感谢珍妮·怀尔德、卡斯·帕克、杰恩·巴佐芬和海伦·斯卡尔斯；PdW，没有你的支持，这一切都不可能；最后，我要感谢KdW，是你让我知道，人类有多么伟大。

图书在版编目（CIP）数据

人类起源简史：破译 700 万年人类进化的密码 /
（南非）莎拉·怀尔德著；成琳岚译. -- 北京 : 中国友
谊出版公司, 2024. 9. -- ISBN 978-7-5057-5895-7

Ⅰ. Q981.1-49

中国国家版本馆 CIP 数据核字第 20249WB713 号

著作权合同登记号　图字：01-2024-3408

书名	人类起源简史：破译 700 万年人类进化的密码
作者	[南非] 莎拉·怀尔德
译者	成琳岚
出版	中国友谊出版公司
策划	杭州蓝狮子文化创意股份有限公司
发行	杭州飞阅图书有限公司
经销	新华书店
制版	杭州真凯文化艺术有限公司
印刷	杭州钱江彩色印务有限公司
规格	880 毫米 ×1230 毫米　32 开
	8.625 印张　140 千字
版次	2024 年 9 月第 1 版
印次	2024 年 9 月第 1 次印刷
书号	ISBN 978-7-5057-5895-7
定价	68.00 元
地址	北京市朝阳区西坝河南里 17 号楼
邮编	100028
电话	（010）64678009